LIBRARY 工学基礎 E4

応用数学問題集

河東泰之 ●監修
佐々木良勝／鈴木香織／竹縄知之 ●共編著

数理工学社

LIBRARY 工学基礎 & 高専 TEXT について

　このたび，LIBRARY 工学基礎 & 高専 TEXT の第1弾として，『基礎数学』を出版することとなった．この後，『線形代数』(2013年秋)，『微分積分』(2014年秋)，『応用数学』(2015年秋) と刊行を続けていく予定であり，また各教科書には，それぞれに対応した問題集も別に出版される．

　数学があらゆる科学技術の基礎であるということはよく言われる．しかし，小学校低学年で習う算数が日常生活で必要なことは誰の目にも明らかなのに対し，より進んだ数学が，どのように実社会で有用なのかは，残念ながらそれほど広く理解されているようには思えない．だが実際に数学，特に本ライブラリが対象としているような数学は日常生活のあらゆる面で（多くの場合表面からは直接見えない形で）使われているのである．これらの数学がなければ，携帯電話もインターネットもつながらないし，飛行機も飛ばないし，病気治療の有効性も判定できないのである．もし我々がこのような数学という手段をもっていなかったとしたら，我々は今でも江戸時代と変わりないような生活をしていることであろう．

　コンピュータ技術の爆発的な進展に伴い，数学的な考え方の重要性もまた飛躍的に高まっている．特にインターネットは，数学的技術，アイディアの塊と言っても過言ではない．これが人類の未来を決定する鍵となることは間違いないであろう．世界の人類は今もさまざまな危機にさらされているが，社会の構成員がどれだけのレベルの数学的理解を持っているかどうかに，我々の未来はかかっているのである．

　そこで本ライブラリは，そのような未来を切り開く数学の力を身につける大きな手助けとなるようにと書かれたものである．最も基礎的なところから始め，丁寧な解説を加えて一歩ずつ進んでいくことを心がけた．これによって，単なる目先の試験だけではなく，一生使っていける数学の深い知識が身につくようになることを目指したものである．数学を理解するという深い楽しみと喜びを味わってもらえるように願っている．

　　2012年秋

　　　　　　　　　　　　　　　　　　　　　　　　　　監修者　河東　泰之

まえがき

　数学は知識の体系であると同時に技術の体系でもある．したがってその十全な運用にはある程度の習熟が必要となる．この点，スポーツ・武道・音楽・技芸・遊戯などと何ら変わるところはない．

　本ライブラリの問題集では，学習者が教科書の学習によって得た知識の運用に習熟し，実践にたえ得る十全な運用力を身につけるために必要十分な量の演習問題を準備し，習熟度の階梯に沿って易しい方から順に次の3つに分類した．

　　A 問題：教科書に載っている事項を適用すればできる問題．
　　B 問題：ひとひねりした応用問題．適当な例題が付されている．
　　C 問題：大学編入試験問題およびそれに準じるレベルの発展問題．

　運動や音楽に例えるなら，A 問題は基本動作・基本技であり，その反復練習により基礎体力や基本技術が身につく．B 問題は基本を組み合わせた一連の動作の練習であり，例題は指導者の実演に相当する．師範の動きを見，教えを聞いて，自分でもやってみる段階である．C 問題はいうなれば試合や舞台である．

　本巻の応用数学では，「微分方程式」「ベクトル解析」「ラプラス変換」「フーリエ解析」「複素解析」に加えて「確率統計」を扱う．最初の5つの分野はいずれも，理学・工学の基礎であり，専門教科の学習に欠かせないものである．一方，「確率統計」は実験科学・社会科学において不可欠なものであり，さらには品質管理など実際の現場において必要なものでもある．これらの分野はいずれも膨大な内容をもつが，本書では理工系の学生にとって必要最小限の内容をわかりやすく解説することに努めた．「確率統計」も応用数学の範疇に入れて一冊の本にまとめたことで学習の利便性が増すことが期待される．

　上記の分野は一部を除いて互いに独立しており，必要な分野だけ選んで学習することも可能である．また，小さめの文字のメモやマーキングなどを用いて読者の理解の手助けになるように配慮した．

　この出版計画に際してお声をお掛けくださり，またご監修いただいた東京大学の河東泰之先生に，この場を借りて敬愛と感謝の念を表したい．

　2015 年秋

　　　　　　　　　　　　　　　　　　　　　　　　編著者・執筆者一同

目　次

1　微分方程式
1.1　微分方程式とは 1
1.2　1階常微分方程式 7
1.3　2階常微分方程式 11
C　発展問題 16

2　ベクトル解析
2.1　ベクトル 18
2.2　スカラー場・ベクトル場と積分公式 26
C　発展問題 35

3　ラプラス変換
3.1　ラプラス変換と逆ラプラス変換 37
3.2　ラプラス変換の応用 47
C　発展問題 58

4　フーリエ解析
4.1　フーリエ級数 60
4.2　フーリエ変換 71
C　発展問題 77

5 複素解析

- **5.1** 複素平面 79
- **5.2** 正則関数 82
- **5.3** 複素積分 86
- **5.4** 関数の展開と留数 90
- C 発展問題 95

6 確率・統計

- **6.1** データの整理 96
- **6.2** 確率 105
- **6.3** 確率分布 111
- **6.4** 多次元確率分布・標本分布 119
- **6.5** 推定・検定 130
- C 発展問題 139

問 題 解 答　　**145**

付　　表　　**172**

教はその問題に対して教科書『応用数学』の参考となる問，例題などです．
C 発展問題の解答はサイエンス社・数理工学社ホームページ
　　　　　　　　　http://www.saiensu.co.jp
のサポートページにあります．

1 微分方程式

1.1 微分方程式とは

常微分方程式 独立変数 x と従属変数 $y = y(x)$ およびその有限階の導関数を含む方程式

$$F(x, y, y', y'', \ldots, y^{(n)}) = 0$$

を**常微分方程式**という．ただし，$y^{(n)} = \dfrac{d^n y}{dx^n}$ とする．

階数：方程式に含まれる導関数の最高次数 n．このとき，方程式を **n 階常微分方程式**という．

正規形：最高次 $y^{(n)}$ について

$$y^{(n)} = f(x, y, y', y'', \ldots, y^{(n-1)})$$

と解けている方程式

これらの微分方程式を満足する関数 $y(x)$ を**解**といい，解を求めることを**微分方程式を解く**という．解のうち，階数と同じ個数の任意定数を含むものを**一般解**といい，その任意定数に特別な値を代入したものを**特殊解**（または**特解**）という．また，一般解の任意定数をどのように選んでもえられない解を**特異解**という．

変数分離形

$$y' = f(x)g(y)$$

の形の微分方程式を**変数分離形**といい，その一般解は

$$\int \frac{1}{g(y)}\, dy = \int f(x)\, dx + C \quad (C \text{ は任意定数})$$

同次形

$$y' = f\left(\frac{y}{x}\right)$$

の形の微分方程式を**同次形**という．同次形の方程式の解法は $u = \dfrac{y}{x}$ とおくとよい．$y = ux$ の両辺を x で微分して $y' = u + xu'$ より，与式は $u + xu' = f(u)$ となる．変数分離形の方程式に変換され，一般解は

$$\int \frac{1}{f(u) - u}\, du = \int \frac{1}{x}\, dx + C \quad (C \text{ は任意定数})$$

同次形に関連して

$y' = f(ax + by + c) \quad (a, b, c \text{ は定数})$

$\implies ax + by + c = u$ とおくと，$u' = a + by'$ より $u' = a + bf(u)$ と変換される．

$y' = f\left(\dfrac{ax + by + c}{px + qy + r}\right) \quad (a, b, c, p, q, r \text{ は定数})$

(i) $\underline{a : b \neq p : q} \implies \begin{cases} ax + by + c = 0 \\ px + qy + r = 0 \end{cases}$ の解を $\begin{cases} x = x_0 \\ y = y_0 \end{cases}$ とする．

$\begin{cases} X = x - x_0 \\ Y = y - y_0 \end{cases}$ とおくと $\dfrac{dY}{dX} = \dfrac{aX + bY}{pX + qY}$ と同次形に変換される．

(ii) $\underline{a : b = p : q} \implies ax + by = u$ とおくとよい．

初期値問題

1 階微分方程式

$$y' + P(x)y = Q(x)$$

の一般解は，1 つの任意定数を含む．このとき $x = x_0$ のとき $y = y_0$ と条件をつけると任意定数が定まり，この条件を満たす特殊解がえられる．2 階微分方程式の一般解は 2 つの任意定数を含むため，$x = x_0$ のとき $y = y_0$, $y' = y_0'$ と 2 つの条件をつけると任意定数が定まり，この条件を満たす特殊解がえられる．

このように $x = x_0$ における y および y' の値を**初期値**といい，それを与える条件を**初期条件**という．初期条件が与えられたときに，微分方程式の解を求める問題を**初期値問題**という．

1.1 微分方程式とは

A

1 ある関数 $y = f(x)$ 上の任意の点 (x, y) における微分係数が $3x^4 + 2x + 1$ に等しいとき，x, y の満たす微分方程式を求めよ． ◀教問 1.1

2 （ ）内の関数が，与えられた微分方程式の解であることを示せ． ◀教問 1.2

(1) $y' = -y^3 \quad \left(y = \dfrac{1}{\sqrt{2x}}\right)$

(2) $xy' = y + \sqrt{x^2 + y^2} \quad \left(y = x^2 - \dfrac{1}{4}\right)$

(3) $y' - 2y = e^{3x} \quad (y = e^{3x} - e^{2x})$

(4) $xy' + y = x \log x \quad \left(y = \dfrac{x(2\log x - 1)}{4}\right)$

(5) $y'' = \dfrac{3y'}{x} \quad (y = x^4 + 2)$

(6) $y'' - 3y' + 2 = 0 \quad (y = 3e^x - 2e^{2x})$

(7) $(1 + x^2)y'' + xy' = 5x \quad (y = 5x + \log|x + \sqrt{1 + x^2}|)$

3 C を定数とするとき，次の関数が満たす微分方程式を導け． ◀教問 1.3

(1) $y = Cx - x\cos x$ (2) $y = 2Cx - C^2$ (3) $xy - \log y = C$

4 C_1, C_2 を定数とするとき，次の関数が満たす微分方程式を導け．

◀教問 1.3

(1) $y = C_1 e^x + C_2 e^{-x}$ (2) $y = C_1 + C_2 x^2$ (3) $y = C_1 x + C_2 x^{-1}$

5 微分方程式 $xy'' - 2y' = 0$ について，次の問いに答えよ． ◀教問 1.4

(1) $y = C_1 x^3 + C_2$（C_1, C_2 は任意定数）は一般解であることを示せ．

(2) 初期条件 $y(-1) = -2, y'(1) = 1$ を満たす特殊解を求めよ．

6 次の微分方程式のうち，変数分離形であるものを選び出せ．ただし $y = y(x)$ とする． ◀教問 1.5

(1) $xy' + y^3 = 1$ (2) $y' = -2x + y^3$

(3) $y' = \dfrac{x + y}{x - y}$ (4) $y' = \cot x \tan y$

第1章 微分方程式

7 次の微分方程式の一般解を求めよ. ◀教問 1.6

(1) $y' = -2xy^2$ (2) $y' = y^2 + 1$ (3) $y' = y$

(4) $y' = \dfrac{y}{x}$ (5) $y' + \dfrac{1-y}{1-x} = 0$ (6) $y' = \dfrac{e^x}{2y}$

(7) $(\cos y)y' - \sin x = 0$ (8) $y' = -2(y-3)$ (9) $2x + yy' = 0$

(10) $y' = y \sin x$ (11) $y + 2xy' = 0$

8 次の微分方程式の初期値問題を解け. ◀教問 1.7

(1) $y' = \dfrac{1}{1+x^2}, \quad y(1) = \dfrac{\pi}{2}$ (2) $xy' = y, \quad y(2) = 1$

(3) $-(x-1)y' = y - 1, \quad y(3) = \dfrac{3}{2}$ (4) $y' = y^2 - 1, \quad y(0) = 2$

9 次の微分方程式の一般解を求めよ. ◀教問 1.8

(1) $y' = \left(\dfrac{y}{x}\right) + \left(\dfrac{y}{x}\right)^2$ (2) $y' = \dfrac{y}{x} + e^{\frac{2y}{x}}$ (3) $y' = \dfrac{y}{x-y}$

10 次の微分方程式の初期値問題を解け. ◀教問 1.9

(1) $y' = \dfrac{2xy}{x^2 - y^2}, \quad y(1) = 1$

(2) $y' = \dfrac{y}{x} + \dfrac{\sqrt{x^2 + y^2}}{x}, \quad y(1) = 0$

B

例題 1.1 （**同次形に関連した微分方程式**）次の微分方程式の一般解を求めよ.

(1) $y' = \dfrac{x - y + 2}{x + y}$ (2) $y' = \dfrac{1}{x + y + 1}$

解 (1) 連立方程式 $\begin{cases} x - y + 2 = 0 \\ x + y = 0 \end{cases}$ を解くと, $(x, y) = (-1, 1)$ が解となる. これを用いて

$$x = X - 1, \quad y = Y + 1$$

1.1 微分方程式とは

とおくと，$y' = \dfrac{dy}{dY}\dfrac{dY}{dX}\dfrac{dX}{dx} = \dfrac{dY}{dX}$ より $\dfrac{dY}{dX} = \dfrac{X-Y}{X+Y}$ をえる．
$u = \dfrac{Y}{X}$ とおくと

$$u + X\frac{du}{dX} = \frac{1-u}{1+u} \quad \text{つまり} \quad X\frac{du}{dX} = -\frac{u^2+2u-1}{u+1}$$

と変数分離形になる．これより一般解は

$$\int \frac{u+1}{u^2+2u-1}du = -\log|X| + C_1 \quad (C_1 \text{ は積分定数})$$

より

$$\frac{1}{2}\log|u^2+2u-1| = -\log|X| + C_1$$

$$\log|u^2+2u-1| = 2\log\left|\frac{e^{C_1}}{X}\right| = \log\frac{e^{2C_1}}{X^2}$$

任意定数を $C = e^{2C_1}$ と置き直すと，$u^2 + 2u - 1 = \dfrac{C}{X^2}$ となる．
$u = \dfrac{Y}{X}$ を代入し，さらに変数を元に戻して整理すると，求める一般解は

$$(y-1)^2 + 2(x+1)(y-1) - (x+1)^2 = C \quad (C \text{ は任意定数})$$

(2) この場合は $u = x+y$ もしくは $u = x+y+1$ とおくとよい．
$u = x+y+1$ としよう．$\dfrac{du}{dx} = 1 + y'$ より与式は

$$\frac{du}{dx} - 1 = \frac{1}{u} \quad \text{つまり} \quad \frac{du}{dx} = \frac{u+1}{u}$$

と変数分離形になる．これより一般解は $\displaystyle\int \frac{u}{u+1}du = \int dx$, つまり

$$\int \left(1 - \frac{1}{u+1}\right)du = x + C_1 \quad (C_1 \text{ は積分定数})$$

$$u - \log|u+1| = x + C_1$$

よって，$\log|u+1| = u - x - C_1$ から $u+1 = \pm e^{u-x-C_1}$ となる．
$C = \pm e^{-C_1}$ と置き直し，変数を戻すと，求める一般解は

$$x + y + 2 = Ce^{y+1} \quad (C \text{ は任意定数}) \quad \blacksquare$$

第1章 微分方程式

11 ある曲線 $y = f(x)$ 上の任意の点 $\mathrm{P}(x, y)$ における法線が常に原点を通るとき，x, y の満たす微分方程式を求め，その一般解を求めよ．

12 次の微分方程式の一般解を求めよ．

(1) $y' = y^2 + y$ (2) $y' = y^2 \log x$

(3) $(x^3 + 1)y' = 3x^2 y$ (4) $y' = (y-1)(y+1)$

(5) $(x^2 + 1)y' = xy$ (6) $y' = x\sqrt{1 - y^2}$

(7) $xyy' = \log x$ (8) $(1 + x^2)y' = 1 + y^2$

13 次の微分方程式の一般解を求めよ．

(1) $xy' = x + y$ (2) $y' = \dfrac{x^2 + y^2}{xy}$

(3) $y' = -\tan \dfrac{y}{x} + \dfrac{y}{x}$ (4) $x^2 y' = y^2 + 2xy$

(5) $(x^2 + xy)y' = y^2$ (6) $xy' = y + \sqrt{x^2 - y^2}$

(7) $xy' = y - x\cos^2 \dfrac{y}{x}$ (8) $x + y\cos\dfrac{y}{x} - xy'\cos\dfrac{y}{x} = 0$

(9) $15x + 11y + (9x + 5y)y' = 0$

14 次の微分方程式の一般解を求めよ．

(1) $y' = \dfrac{4x - y - 5}{2x + y - 1}$ (2) $y' = \dfrac{2x - y + 5}{x - 2y + 7}$

(3) $y' = \dfrac{-(x+y) - 1}{2(x+y) - 1}$ (4) $y' = \dfrac{2x - 4y - 3}{x - 2y - 2}$

15 次の微分方程式の初期値問題を解け．

(1) $y' = \dfrac{2x - y + 1}{x - 2y + 1},\ y(0) = \dfrac{1}{2}$ (2) $y' = \dfrac{5x - 7y}{x - 3y},\ y(0) = 1$

16 次の微分方程式の一般解を求めよ．

(1) $y' = (4x + y)^2$ (2) $y' = \tan^2(x + y)$

(3) $y' = \sin(x + y)$ (4) $y' = \sqrt{x + y + 1}$

1.2 1階常微分方程式

1階線形常微分方程式　y と y' について1次の微分方程式
$y' + P(x)y = Q(x)$ …① を **1階線形微分方程式**という．

$\quad Q(x) = 0 \implies$ **斉次（同次）**, $\quad Q(x) \neq 0 \implies$ **非斉次（非同次）**

非斉次1階線形微分方程式の一般解は，①の両辺に $\exp\left(-\int P(x)dx\right)$ を掛けると

$$\left\{y\exp\left(-\int P(x)dx\right)\right\}' = Q(x)\exp\left(-\int P(x)dx\right)$$

となるため，積分すれば

$$y = \exp\left(-\int P(x)dx\right)\left\{\int Q(x)\exp\left(\int P(x)dx\right)dx + C\right\} \quad \cdots ②$$

(C は任意定数) で与えられる．ただし $\exp(A)$ とは e の A 乗を意味する．

定数変化法　①の解②は次のようにして求めることもできる．斉次方程式 $y' + P(x)y = 0$ の一般解 y_1 を用いて $y = uy_1$ (u は x の関数) とおき，①に代入して u を求める．このような解法を**定数変化法**という．

ベルヌーイの微分方程式の解法　m を定数とするとき
$$y' + P(x)y = Q(x)y^m \quad \cdots ③$$
の形の微分方程式を**ベルヌーイの微分方程式**という．$m \neq 0, 1$ のとき，$z = y^{1-m}$ と変換すると $z' = (1-m)y^{-m}y'$ となる．③に $(1-m)y^{-m}$ を掛けると1階線形方程式
$$z' + (1-m)P(x)z = (1-m)Q(x)$$
に変換される．

リッカチの微分方程式の解法
$$y' = P(x)y^2 + Q(x)y + R(x)$$
の形の微分方程式を**リッカチの微分方程式**という．$R(x) = 0$ であれば，ベルヌーイの微分方程式である．1つの解 $y_1(x)$ が見つかれば，$z = y - y_1$ と変換することによりベルヌーイの微分方程式に変換される．

完全微分方程式　微分方程式 $P(x,y) + Q(x,y)\dfrac{dy}{dx} = 0$ を形式的に
$$P(x,y)dx + Q(x,y)dy = 0 \quad \cdots ④$$
の形で表すことがある．この形の微分方程式を**全微分方程式**といい，特に
$$\frac{\partial F}{\partial x} = P, \quad \frac{\partial F}{\partial y} = Q$$
を満たす関数 $F(x,y)$ が存在するとき，**完全微分方程式**または**完全形**であるという．このとき④は全微分の形 $dF = \dfrac{\partial F}{\partial x}dx + \dfrac{\partial F}{\partial y}dy = 0$ となり，$F(x,y) = C$（C は任意定数）が一般解となる．

完全微分方程式の一般解　完全形微分方程式 $P(x,y)dx + Q(x,y)dy = 0$ の一般解は
$$\int P(x,y)dx + \int \left\{ Q(x,y) - \frac{\partial}{\partial y}\int P(x,y)dx \right\} dy = C \quad (C \text{ は任意定数})$$

A

17 微分方程式 $y' + \dfrac{2y}{x} = x$ について次の問いに答えよ． ◀ 教例題 1.8

(1) 斉次方程式 $y' + \dfrac{2y}{x} = 0$ の解が $y = Cx^{-2}$（C は任意定数）であることを示せ．

(2) (1)で求めた解 $y = Cx^{-2}$ で，C を $C(x)$ と置きかえて非斉次方程式に代入して一般解を求めよ．

18 次の微分方程式の一般解を定数変化法により求めよ． ◀ 教例題 1.8, 問 1.12

(1) $y' + \dfrac{y}{x} = 1 - x^2$　　(2) $y' + y\cos x = e^{-\sin x}$

19 微分方程式 $y' + \dfrac{2}{x}y = \dfrac{1}{x^3}$ について次の問いに答えよ． ◀ 教問 1.12

(1) 与式の両辺に $\exp\left(\displaystyle\int \dfrac{2}{x}dx\right)$ を掛けて与式を書き直すと $(x^2 y)' = \dfrac{1}{x}$ となることを確かめよ．

(2) (1)でえられる微分方程式を積分して一般解を求めよ．

20 次の微分方程式の一般解を求めよ.

(1) $y' + 2xy = x$ (2) $y' + 2xy = xe^{-x^2}$
(3) $y' + \dfrac{y}{x} = 3x$ (4) $y' + y = x$
(5) $y' - 2y = e^{3x}$ (6) $y'\cos x + y\sin x = 1$
(7) $xy' + 2y + 3x = 0$ (8) $xy' + y = \log x$
(9) $xy' + y = x\log x$

21 次の微分方程式の初期値問題を解け.

(1) $y' + y = x,\quad y(1) = e$ (2) $y' + xy = x,\quad y(1) = \sqrt{e} + 1$

22 微分方程式 $y' + y = y^2$ の一般解を求めよ.

23 初期値問題 $y' + y = x^3 e^{2x} y^3,\ y(0) = \sqrt{2}$ を解け.

B

例題 1.2
(**完全微分方程式**) 次の微分方程式の一般解を求めよ.
$$(3x + y)dx + (x + 3y)dy = 0$$

解 $P(x,y) = 3x + y,\ Q(x,y) = x + 3y$ とおくと
$$P_y(x,y) = 1 = Q_x(x,y)$$
より,完全形であることがわかる.したがって
$$F_x(x,y) = 3x + y \quad \cdots ⑤, \quad F_y(x,y) = x + 3y \quad \cdots ⑥$$
を満たす F が存在する.⑤を x で積分すると
$$F(x,y) = \dfrac{3x^2}{2} + xy + g(y)$$
となり,y で微分すれば $F_y(x,y) = x + g'(y)$.⑥と比較して $g'(y) = 3y$ となるので,積分すると
$$g(y) = \dfrac{3y^2}{2} + C \quad (C は積分定数)$$
よって,求める一般解は $\dfrac{3x^2}{2} + xy + \dfrac{3y^2}{2} = C$ (C は任意定数) ∎

第1章 微分方程式

24 次の微分方程式の一般解を求めよ．
(1) $y' + e^x y = 3e^x$
(2) $y' + \left(1 + \dfrac{1}{x}\right)y = \dfrac{e^x}{x}$
(3) $y' + 2y\tan x = \sin x$
(4) $y' = \dfrac{2(1-xy)}{1+x^2}$
(5) $y' + \dfrac{y}{x+1} = \dfrac{1}{x^2-1}$
(6) $y' - \dfrac{2y}{x+1} = (x+1)^3$
(7) $y' + y\cos x = \sin 2x$
(8) $(1+x^2)y' + xy = 1$

25 次の微分方程式の初期値問題を解け．
(1) $y' - 3y = e^x,\ y(0) = 3$
(2) $y' + \dfrac{y}{x} = x,\ y(1) = 1$
(3) $y' + y = 2x,\ y(1) = 1$
(4) $y' = \dfrac{xy+1}{1+x^2},\ y(0) = 3$

26 次の微分方程式の一般解を求めよ．
(1) $(y - e^x)dx + (y^2 + x)dy = 0$
(2) $y' = -\dfrac{2xy}{x^2 + \cos y}$
(3) $(2x - y + 3)dx + (2y - x - 3)dy = 0$
(4) $(y + e^x \sin y)dx + (x + e^x \cos y)dy = 0$

27 次の微分方程式の一般解を求めよ．
(1) $xy' + (1-x)y = x^2 y^2$
(2) $xy' + y = y^2 \log x$
(3) $y' - xy + xy^2 e^{-x^2} = 0$
(4) $y' + y = xy^3$
(5) $y' + 2xy = 2ax^3 y^3$ （a は定数）
(6) $y' - xy = -y^3 e^{-x^2}$
(7) $xy' + y = x\sqrt{y}$

28 次の微分方程式の一般解を求めよ．
(1) $y' = (y-1)(xy - y - x)$
(2) $xy' - y + 2y^2 = 2x^2$

29 次の微分方程式の初期値問題を解け．
(1) $y' - xy = -e^{-x^2} y^3,\ y(0) = 2$
(2) $xy' + y = x\sqrt{y}\ (x > 0),\ y(1) = 0$
(3) $y' - y^2 - y + 2 = 0,\ y(0) = 2$
　　（$y = 1$ が1つの解であることを用いよ）

1.3 2階常微分方程式

階数低下法　$F(x,y,y',y'')=0$ で，特に x または y を含まないときは 1 階の微分方程式へ階数を 1 つ下げることができる．

F に x を含まないとき $\implies$ $y'=p$ とおくと $y''=\dfrac{dp}{dx}=\dfrac{dy}{dx}\dfrac{dp}{dy}=p\dfrac{dp}{dy}$ となり，$F\left(y,p,\dfrac{dp}{dy}\right)=0$

F に y を含まないとき $\implies$ $y'=p$ とおくと $F(x,p,p')=0$

斉次 2 階定数係数線形微分方程式　斉次 2 階定数係数線形微分方程式 $y''+ay'+by=0$ (a,b は定数) の一般解は，特性方程式 $\lambda^2+a\lambda+b=0$ の解 λ_1,λ_2 を用いて次のように表される．C_1 と C_2 は任意定数とするとき

(1) 異なる 2 つの実数解 λ_1 と λ_2 であるとき，$y=C_1 e^{\lambda_1 x}+C_2 e^{\lambda_2 x}$
(2) 異なる 2 つの虚数解 $\lambda_1=\alpha+\beta i$ と $\lambda_2=\alpha-\beta i$ であるとき，
$$y=e^{\alpha x}(C_1 \cos\beta x+C_2 \sin\beta x)$$
(3) 重解 λ_1 であるとき，$y=(C_1+C_2 x)e^{\lambda_1 x}$

非斉次 2 階定数係数線形微分方程式　非斉次 2 階定数係数微分方程式 $y''+ay'+by=f(x)$ (a,b は定数) の一般解 y は，斉次方程式の一般解 $C_1 y_1+C_2 y_2$ (C_1, C_2 は任意定数) と非斉次方程式の特殊解 y_0 を用いて $y=C_1 y_1+C_2 y_2+y_0$ で与えられる．特殊解 y_0 の求め方は，$f(x)$ の形から推測して求める．例えば

$f(x)=(ax^2+bx+c)e^{px}$　(a,b,c,p は定数)

$\implies$　$y_0=(Ax^2+Bx+C)x^m e^{px}$ と推測し，定数 A,B,C を求める．

ただし，m は p が斉次方程式の特性方程式の m 重解となっている場合の指数とする．また，推測しづらい場合は次のロンスキー行列式 $W(y_1,y_2)$ を用いた次の特殊解の表示も有効である．

$$y_0=y_1\int\frac{-f(x)y_2}{W(y_1,y_2)}dx+y_2\int\frac{f(x)y_1}{W(y_1,y_2)}dx$$

A

30 次の微分方程式の一般解を求めよ．

(1) $x^3 y'' = 1$ (2) $y'' = xe^x$

(3) $y'' = \dfrac{1}{x} - \log x$ (4) $y'' = x \sin x$

31 微分方程式 $(2+y)y'' + (y')^2 = 0$ の一般解を求めよ．

32 微分方程式 $xy'' + y' = 0$ の一般解を求めよ．

33 関数の組 $e^x \cos x, e^x \sin x$ が 1 次独立であるか調べよ．

34 次の微分方程式の一般解を求めよ．

(1) $y'' + y' - 2y = 0$
(2) $y'' + 6y' + 9y = 0$
(3) $y'' - 2y' + 2y = 0$

35 次の微分方程式の特殊解を求めよ．

(1) $y'' - y' - 2y = x + 2x^2$
(2) $y'' - 5y' - 6y = 3\cos x$
(3) $y'' - 2y' + 2y = -e^x$
(4) $y'' + 4y = e^{3x} \sin x$

36 次の微分方程式の初期値問題を解け．

(1) $y'' - y' - 30y = 0$, $\quad y(0) = 1,\ y'(0) = 0$

(2) $y'' - 4y' + 4y = 0$, $\quad y\left(\dfrac{1}{2}\right) = 1,\ y'\left(\dfrac{1}{2}\right) = 0$

(3) $y'' + 2y' = 0$, $\quad y(1) = 0,\ y'(1) = 1$

(4) $3y'' + 4y' + y = 0$, $\quad y(0) = 1,\ y'(0) = 1$

(5) $y'' + 2y' + 2y = 0$, $\quad y\left(\dfrac{\pi}{2}\right) = e^{-\frac{\pi}{2}},\ y'\left(\dfrac{\pi}{2}\right) = e^{-\frac{\pi}{2}}$

(6) $2y' - 2y = 2y'' - y$, $\quad y(\pi) = 1,\ y'(\pi) = 0$

(7) $\dfrac{y'' + y}{2} = y' - 1$, $\quad y(-1) = 0,\ y'(-1) = 1$

1.3 2階常微分方程式

37 次の微分方程式の一般解を求めよ.

(1) $y'' - 2y' - 8y = e^x$

(2) $y'' - 3y' - 4y = 2\cos x$

(3) $y'' - 2y' - 3y = e^x \cos x$

(4) $y'' + y' - 6y = x + e^x$

38 次の微分方程式の初期値問題を解け.

(1) $y'' - 7y' + 12y = 2x, \quad y(0) = 0, \; y'(0) = 1$

(2) $y'' + y' = \sin x, \quad y(0) = 0, \; y'(0) = 0$

39 次の連立微分方程式の一般解を求めよ.

(1) $\begin{cases} \dfrac{dx}{dt} - y = 0 \\ \dfrac{dy}{dt} + x - 2y = 0 \end{cases}$

(2) $\begin{cases} \dfrac{dx}{dt} + 4x + 4\dfrac{dy}{dt} + 10y - 6 = 0 \\ \dfrac{dy}{dt} = -x - 3y \end{cases}$

40 次の連立微分方程式の初期値問題を解け.

(1) $\begin{cases} \dfrac{dx}{dt} = x + 2y \\ \dfrac{dy}{dt} = -2x + 5y \end{cases} \quad \begin{cases} x(0) = 1 \\ y(0) = -1 \end{cases}$

(2) $\begin{cases} \dfrac{dx}{dt} = y + 1 \\ \dfrac{dy}{dt} = -x + t \end{cases} \quad \begin{cases} x\left(\dfrac{\pi}{2}\right) = \dfrac{3\pi}{2} \\ y\left(\dfrac{\pi}{2}\right) = \pi \end{cases}$

B

例題 1.3 （**オイラーの微分方程式**）微分方程式 $x^2 y'' + axy' + by = f(x)$ （a, b は定数）はオイラーの微分方程式とよばれるが，$x = e^t$ と変換することにより，定数係数線形微分方程式

$$\frac{d^2 y}{dt^2} + (a-1)\frac{dy}{dt} + by = f(e^t)$$

になることを示せ．

解 $x = e^t$ より

$$y' = \frac{dy}{dx} = \frac{dt}{dx}\frac{dy}{dt} = e^{-t}\frac{dy}{dt} \quad \leftarrow t = \log x \text{ に注意}$$

$$y'' = \frac{d}{dx}\left(e^{-t}\frac{dy}{dt}\right) = \frac{dt}{dx}\frac{d}{dt}\left(e^{-t}\frac{dy}{dt}\right)$$

$$= e^{-t}\left(-e^{-t}\frac{dy}{dt} + e^{-t}\frac{d^2 y}{dt^2}\right) = e^{-2t}\left(\frac{d^2 y}{dt^2} - \frac{dy}{dt}\right)$$

これらを与式に代入すると

$$(e^t)^2 \cdot e^{-2t}\left(\frac{d^2 y}{dt^2} - \frac{dy}{dt}\right) + ae^t \cdot e^{-t}\frac{dy}{dt} + by = f(e^t)$$

つまり

$$\frac{d^2 y}{dt^2} + (a-1)\frac{dy}{dt} + by = f(e^t) \qquad ■$$

---

41 次の微分方程式の一般解を求めよ．

(1) $y'' + 2y' + y = 4e^{-x}\log x$ (2) $y'' + y = \dfrac{1}{\tan x}$

42 次の微分方程式の一般解を求めよ．

(1) $y'' - 2y' + x = 0$ (2) $xy'' + y' = 3x^2$

(3) $y'' = (y')^2$ (4) $y'' = 1 + (y')^2$

(5) $\dfrac{1}{2}y'' = \sqrt{1+y'}$

1.3　2階常微分方程式

43 次の連立微分方程式の一般解を求めよ．

(1) $\begin{cases} \dfrac{dx}{dt} - y = 6 \\ \dfrac{dy}{dt} = -x + 4\cos t \end{cases}$

(2) $\begin{cases} \dfrac{dx}{dt} - 4x - y = 2e^{3t} \\ \dfrac{dy}{dt} + 2x - y = -3e^{3t} \end{cases}$

44 次の連立微分方程式の初期値問題を解け．

(1) $\begin{cases} \dfrac{dx}{dt} - y = 0 \\ \dfrac{dy}{dt} = -2\dfrac{dx}{dt} + 3x \end{cases}$ $\begin{cases} x(0) = 0 \\ y(0) = -1 \end{cases}$

(2) $\begin{cases} \dfrac{dx}{dt} + \dfrac{dy}{dt} + 5x + 7y = 2 \\ 3\dfrac{dy}{dt} + 2\dfrac{dx}{dt} + x + y = \sin t \end{cases}$ $\begin{cases} x(0) = 1 \\ y(0) = \dfrac{1}{5} \end{cases}$

45 次のオイラーの微分方程式を $x = e^t$ と変換することにより一般解を求めよ．

(1) $x^2 y'' + 5xy' + 4y = -x^2$　　(2) $x^2 y'' - 2y = \dfrac{1}{x}$

46 オイラーの微分方程式
$$x^2 y'' + xy' - 4y = x^4$$
について，次の問いに答えよ．

(1) $y = x^2$ が斉次方程式 $x^2 y'' + xy' - 4y = 0$ の特殊解であることを確かめよ．

(2) (1)をもとに，非斉次方程式の一般解を $y = ux^2$（u は x の関数）とおいて定数変化法から求めよ．

47 次の微分方程式の斉次方程式はいずれも $y = x$ が1つの解である．定数変化法から次の微分方程式の一般解を求めよ．

(1) $x^2 y'' - xy' + y = x^2(3x^2 + 2)$

(2) $(1-x)y'' + xy' - y = (1-x)^2$

C 発展問題

48 次の微分方程式を解け． （北海道大学（改題））

$$\frac{d^2y}{dt^2} - 2\frac{dy}{dt} + y = t\sin t$$

49 微分方程式 $\dfrac{d^2y}{dx^2} + 2\dfrac{dy}{dx} = \dfrac{x^2}{2} + 1$ について，次の問いに答えよ．

（北海道大学）

(1) 与式の特殊解として $y = a_3 x^3 + a_2 x^2 + a_1 x$ を仮定し，係数 a_1, a_2, a_3 を定めよ．

(2) 与式の一般解を求めよ．

50 微分方程式

$$\frac{dy}{dx} = \frac{2x - y + 1}{x - 2y + 5}$$

に関し，次の問いに答えよ． （岩手大学（改題））

(1) 2 直線 $2x - y + 1 = 0$, $x - 2y + 5 = 0$ の交点の座標を求めよ．

(2) (1) で求めた交点を原点とする座標系 (X, Y) を用いて，上の微分方程式を表せ．

(3) (2) で求めた微分方程式を解け．

(4) (3) で求めた解を (x, y) で表せ．

51 (1) 微分方程式

$$\frac{d^2x}{dt^2} + 2b\frac{dx}{dt} + \omega^2 x = 0 \quad (b, \omega \text{ は定数})$$

の一般解を $b^2 - \omega^2 \leqq 0$ の場合について求めよ．

(2) 上式を初期条件 $t = 0$ で $x = 0$, $\dfrac{dx}{dt} = 1$ のもとに解き，$b > 0$ のときの解の特徴を表すグラフをかけ． （東京大学（改題））

52 微分方程式 $y'' - 4y' + 3y = e^{-x}$ を，初期条件 $y(0) = 0$, $y'(0) = 1$ のもとに解け．ただし，e は自然対数の底であり，また $y' = \dfrac{dy}{dx}$, $y'' = \dfrac{d^2y}{dx^2}$ とする．

（類題 東京大学）

C 発展問題

53 微分方程式 $\dfrac{dy}{dx} = y + xy^2 \cdots (*)$ を考える． (類題　東京工業大学)

(1) $z(x) = \dfrac{1}{y(x)}$ はどんな微分方程式を満たすか．

(2) $(*)$ の一般解を求めよ．

54 微分方程式 $\dfrac{dy}{dx}\left(\dfrac{dy}{dx} - y\right) = x(x-y)$ を満たし，かつ $x=0$ で $y=0$ となる関数 $y(x)$（ただし $x \geqq 0$）を求めよ． (類題　横浜国立大学)

55 $f(x)$ は何回でも微分可能で，$f'(x) = -xf(x)$ を満たすとき，以下の問いに答えよ． (類題　筑波大学)

(1) $f''(x)$ を $f(x)$ を用いて表せ．

(2) $f(0) = 1$ のとき，$f(x)$ を求めよ．

56 微分方程式 $(x+1)y'' + xy' - y = 0$ を以下の手順により解け． (長岡技科大学（改題）)

(1) u を x の関数とするとき，$y = ue^{-x}$ がこの微分方程式の解になるために u が満たすべき微分方程式を求めよ．

(2) 前問で求めた微分方程式を解け．

(3) もとの微分方程式を解け．

57 $x \neq 0$ で微分方程式 $x^2 y' = (y^2 + 1)(y-1)(y+2)$ を解け． (類題　名古屋工業大学)

58 y を x の関数とする．微分方程式 $y' = -2y + y^2$ について，以下の問いに答えよ． (類題　大阪大学)

(1) この微分方程式を解け．

(2) $y(1) = 3$ を満たす特殊解を求め，そのグラフをかけ．軸との交点や漸近線を明示すること．

59 微分方程式 $x^2 y' + 2xy = 1$ $(x > 0)$ を考える． (類題　徳島大学)

(1) すべての解について $\displaystyle\lim_{x \to \infty} y(x)$ を求めよ．

(2) $y(1) = y(2)$ となる解 $y(x)$ を求めよ．

(3) (2) で求めた $y(x)$ のグラフをかけ．

2 ベクトル解析

2.1 ベクトル

2つのベクトルを $a = (a_x, a_y, a_z)$, $b = (b_x, b_y, b_z)$ とし，a, b の作る角を θ とする．

ベクトルの内積 $\quad a \cdot b = |a||b|\cos\theta = a_x b_x + a_y b_y + a_z b_z \quad (0 \leqq \theta \leqq \pi)$

ベクトル a, b, c について次が成り立つ．

(1) $a \cdot a = |a|^2$
(2) $a \cdot b = b \cdot a$
(3) $(ka) \cdot b = a \cdot (kb) = k(a \cdot b)$ （k は実数）
(4) $a \cdot (b \pm c) = (b \pm c) \cdot a = (a \cdot b) \pm (a \cdot c)$ （複号同順）
(5) 平行条件 $a \neq 0, b \neq 0$ のとき $a \mathbin{/\mkern-5mu/} b \Leftrightarrow b = ka$ となる実数 k が存在する
(6) 垂直条件 $a \neq 0, b \neq 0$ のとき $a \perp b \Leftrightarrow a \cdot b = 0$

正射影 ベクトル b の a への正射影の長さは，$||b|\cos\theta|$

ベクトル b の a への正射影は，$\dfrac{a \cdot b}{a \cdot a} a$

ベクトルの外積 $\overrightarrow{OA} = a = (a_x, a_y, a_z)$, $\overrightarrow{OB} = b = (b_x, b_y, b_z)$ の外積は

$$a \times b = \left(\begin{vmatrix} a_y & a_z \\ b_y & b_z \end{vmatrix}, \begin{vmatrix} a_z & a_x \\ b_z & b_x \end{vmatrix}, \begin{vmatrix} a_x & a_y \\ b_x & b_y \end{vmatrix} \right)$$

$$= (a_y b_z - a_z b_y) i + (a_z b_x - a_x b_z) j + (a_x b_y - a_y b_x) k = \begin{vmatrix} i & j & k \\ a_x & a_y & a_z \\ b_x & b_y & b_z \end{vmatrix}$$

(I) $a \times b \perp a$ かつ $a \times b \perp b$,
(II) $|a \times b|$ は，a と b により作られる平行四辺形の面積 S に等しい，

(III) a, b の方向は，a, b, $a \times b$ がこの順で右手系となるように定める．

ベクトル a, b, c について次が成り立つ．

(1) $a \times a = 0$　　(2) $a \times b = -b \times a$
(3) $(k\,a) \times b = a \times (k\,b) = k(a \times b)$　　(k は実数)
(4) $a \times (b + c) = (a \times b) + (a \times c)$, $(b + c) \times a = (b \times a) + (c \times a)$
(5) ベクトルの平行条件：$a \neq 0$, $b \neq 0$ のとき $a \parallel b \Leftrightarrow a \times b = 0$

ベクトル関数の微分法　ベクトル関数 $a = a(t)$, $b = b(t)$ について次が成り立つ．

(1) $\dfrac{d}{dt}\bigl(a(t) + b(t)\bigr) = \dfrac{d}{dt}a(t) + \dfrac{d}{dt}b(t)$

(2) $\dfrac{d}{dt}\bigl(k\,a(t)\bigr) = k\dfrac{d}{dt}a(t)$　　(k は実数)

(3) $\dfrac{d}{dt}\bigl(\varphi a(t)\bigr) = \dfrac{d\varphi}{dt}a(t) + \varphi\dfrac{da(t)}{dt}$　　(φ はスカラー関数)

(4) $\dfrac{d}{dt}\bigl(a(t) \cdot b(t)\bigr) = \dfrac{da(t)}{dt} \cdot b(t) + a(t) \cdot \dfrac{db(t)}{dt}$

(5) $\dfrac{d}{dt}\bigl(a(t) \times b(t)\bigr) = \dfrac{da(t)}{dt} \times b(t) + a(t) \times \dfrac{db(t)}{dt}$

(4), (5) 式で特に一方が定ベクトル k のときには次が成り立つ．

(6) $\dfrac{d}{dt}\bigl(k \cdot a(t)\bigr) = k \cdot \dfrac{da(t)}{dt}$　　(k は定ベクトル)

(7) $\dfrac{d}{dt}\bigl(k \times a(t)\bigr) = k \times \dfrac{da(t)}{dt}$　　(k は定ベクトル)

速度・加速度　時刻 t とする．点 $\mathrm{P}\bigl(x(t), y(t), z(t)\bigr)$ の位置ベクトル $r = r(t)$ に対して，**速度ベクトル** $v = \dfrac{dr}{dt}$, 速さ $|v| = \left|\dfrac{dr}{dt}\right|$,

加速度ベクトル $a = \dfrac{dv}{dt} = \dfrac{d^2 r}{dt^2} = a_t t + a_n n$　(a_t：接線成分，a_n：法線成分)

$t = \dfrac{v}{|v|}$：単位接線ベクトル，$n = \dfrac{t'(t)}{|t'(t)|}$：単位主法線ベクトル

$$a_t = a \cdot t, \quad a_n = a \cdot n$$

曲線の長さ　曲線 $r = r(t)$ 上の点 $\mathrm{P}(a)$ から点 $\mathrm{P}(b)$ までの長さ s は

$$s = \int_a^b \sqrt{\left(\dfrac{dx}{dt}\right)^2 + \left(\dfrac{dy}{dt}\right)^2 + \left(\dfrac{dz}{dt}\right)^2}\, dt = \int_a^b |v|\, dt \quad \cdots ①$$

始点 P(a)，終点 P(t) に対する曲線の長さを考える．その曲線の長さを $s = s(t)$ で表すと，① より

$$\frac{ds}{dt} = \sqrt{\left(\frac{dx}{dt}\right)^2 + \left(\frac{dy}{dt}\right)^2 + \left(\frac{dz}{dt}\right)^2} = |\boldsymbol{v}| = \left|\frac{d\boldsymbol{r}}{dt}\right|$$

曲面の単位法線ベクトル　$\boldsymbol{r} = \boldsymbol{r}(u,v)$ は曲面 S のベクトル方程式，変数 u, v は媒介変数とする．曲面 S について

$$\boldsymbol{n} = \pm \frac{\frac{\partial \boldsymbol{r}}{\partial u} \times \frac{\partial \boldsymbol{r}}{\partial v}}{\left|\frac{\partial \boldsymbol{r}}{\partial u} \times \frac{\partial \boldsymbol{r}}{\partial v}\right|} \text{ （複号同順）：単位法線ベクトル}\left(\text{ただし } \frac{\partial \boldsymbol{r}}{\partial u} \times \frac{\partial \boldsymbol{r}}{\partial v} \neq \boldsymbol{0}\right)$$

$\boldsymbol{r} = u\boldsymbol{i} + v\boldsymbol{j} + f(u,v)\boldsymbol{k}$（$f(u,v)$ は u, v の 2 変数関数）の単位法線ベクトル

$$\boldsymbol{n} = \mp \frac{\frac{\partial f}{\partial u}\boldsymbol{i} + \frac{\partial f}{\partial v}\boldsymbol{j} - \boldsymbol{k}}{\sqrt{1 + (\frac{\partial f}{\partial u})^2 + (\frac{\partial f}{\partial v})^2}} \quad \text{（複号同順）}$$

曲　面　$z = f(x,y)$ 上の点 P(a,b,c) における接平面の方程式は

$$\left.\frac{\partial f}{\partial x}\right|_{\substack{x=a \\ y=b}} (x-a) + \left.\frac{\partial f}{\partial y}\right|_{\substack{x=a \\ y=b}} (y-b) - (z-c) = 0$$

A

1 $\boldsymbol{a} = (1, 0, 2\sqrt{2})$, $\boldsymbol{b} = (\sqrt{2}, -\sqrt{5}, 1)$ について，次の問いに答えよ．

◀教問 2.1

(1) 内積 $\boldsymbol{a} \cdot \boldsymbol{b}$ を求めよ．

(2) $\boldsymbol{a}, \boldsymbol{b}$ のなす角 θ （$0 \leqq \theta \leqq \pi$）を求めよ．

2 ベクトル $\boldsymbol{a} = (0, 4, -3)$, $\boldsymbol{b} = (5, 1, -1)$ について，ベクトル $\boldsymbol{b}$ の $\boldsymbol{a}$ への正射影の長さを求めよ．また，ベクトル $\boldsymbol{b}$ の $\boldsymbol{a}$ への正射影を求めよ．

◀教問 2.2

3 ベクトル $\boldsymbol{a}, \boldsymbol{b}, \boldsymbol{c}, \boldsymbol{d}$ について，次の等式が成り立つことを証明せよ．

◀教問 2.3

(1) $(\alpha \boldsymbol{a}) \times (\beta \boldsymbol{b}) = \alpha\beta(\boldsymbol{a} \times \boldsymbol{b})$ 　（α, β は実数）

(2) $(\boldsymbol{a} + \boldsymbol{b}) \times (\boldsymbol{c} + \boldsymbol{d}) = \boldsymbol{a} \times \boldsymbol{c} + \boldsymbol{a} \times \boldsymbol{d} + \boldsymbol{b} \times \boldsymbol{c} + \boldsymbol{b} \times \boldsymbol{d}$

(3) $(\boldsymbol{a} - \boldsymbol{b}) \times (\boldsymbol{a} + \boldsymbol{b}) = 2(\boldsymbol{a} \times \boldsymbol{b})$

2.1 ベクトル

4 次の2つのベクトルについて，外積 $a \times b$ を求めよ．また，a と b によって作られる平行四辺形の面積を求めよ． ◀教問 2.4

(1) $a = -3\,i - 2\,k, \quad b = i - 2\,j + k$
(2) $a = i + 2\,j - 3\,k, \quad b = 3\,i + 2\,j$
(3) $a = 4\,i - 5\,k, \quad b = i - 2\,j - 4\,k$
(4) $a = 7\,j + 2\,k, \quad b = 3\,i + 2\,j + k$

5 ベクトル $a = i + 2\,j - 3\,k,\ b = 2\,i - j - k,\ c = i + 3\,j - 5\,k$ について，次を求めよ． ◀教問 2.4

(1) $a \times b$ (2) $b \times c$ (3) $c \times a$

6 次の2つのベクトルについて，外積 $a \times b$ を求めよ． （関西大学） ◀教問 2.4

(1) $a = 3\,i + 2\,j + 4\,k, \quad b = -i - 2\,j + 3\,k$
(2) $a = 3\,i - 4\,j - 5\,k, \quad b = -8\,i + 6\,j + 3\,k$
(3) $a = 8\,j - 7\,k, \quad b = 6\,i + 4\,j - 5\,k$

7 $a = i - 8\,j,\ b = 2\,i + j + k,\ c = -2\,i - j + 3\,k$ のとき，$a \cdot (b \times c)$, $a \times (b \times c)$ を求めよ． ◀教問 2.5

8 スカラー関数 $\varphi = 2t^3 - t$ とベクトル関数 $a(t) = 2t\,i + t^2\,j + 3\,k$ について，$\dfrac{d}{dt}(\varphi a(t))$ を求めよ． ◀教問 2.6

9 ベクトル $m = i + 2\,j - 3\,k,\ a(t) = t^3\,i - t^2\,j - 4t\,k$ のとき，次を求めよ． ◀教問 2.6

(1) $\dfrac{d}{dt}(m \cdot a(t))$ (2) $\dfrac{d}{dt}(m \times a(t))$

10 $a(t) = (t, 2t, t - t^2),\ b(t) = (e^{2t}, 0, 3t)$ について，次を求めよ． ◀教問 2.6, 2.1 節演習問題

(1) $\dfrac{d}{dt}(a(t) \cdot b(t))$ (2) $\dfrac{d}{dt}(a(t) \times b(t))$

11 次のベクトル関数を微分せよ．また，$t=0$ における微分係数を求めよ．

(1) $\boldsymbol{a}(t) = e^{2t}\boldsymbol{i} + e^{-2t}\boldsymbol{j} + 3t\boldsymbol{k}$

(2) $\boldsymbol{a}(t) = 2\cos t\,\boldsymbol{i} + 2\sin t\,\boldsymbol{j} + 5t\,\boldsymbol{k}$

12 次のベクトル関数の定積分を求めよ．

(1) $\displaystyle\int_0^\pi \{(3\cos 2t)\boldsymbol{i} + (3\sin 2t)\boldsymbol{j} + 4t\boldsymbol{k}\}dt$

(2) $\displaystyle\int_0^3 (5t^4\boldsymbol{i} - 3t^3\boldsymbol{j} + 2e^{-t}\boldsymbol{k})dt$

13 曲線 $\boldsymbol{r} = \boldsymbol{r}(t) = (t, t^2, 0)$ について，次の問いに答えよ．

(1) 速度 $\boldsymbol{v}$，速さ $|\boldsymbol{v}|$，加速度 $\boldsymbol{a}$ を求めよ．

(2) 単位接線ベクトル $\boldsymbol{t}$，単位主法線ベクトル $\boldsymbol{n}$ を求めよ．

(3) 加速度 $\boldsymbol{a}$ の接線成分 a_t と法線成分 a_n を求め，$\boldsymbol{a}$ を $\boldsymbol{t}$ と $\boldsymbol{n}$ を用いて表せ．

(4) $t=0$ から $t=1$ までの曲線の長さ s を求めよ．

14 次の曲線について，単位接線ベクトルを求めよ．

(1) $\boldsymbol{r}(t) = (t, 2t, \log t)$ 　(2) $\boldsymbol{r}(t) = (t, t^2, e^{3t})$

15 次の曲線について，与えられた範囲で曲線の長さを求めよ．

(1) $\boldsymbol{r}(t) = (t, 2t, 3t)$ 　　　　　($t=0$ から $t=2$ まで)

(2) $\boldsymbol{r}(t) = (5\cos t, 5\sin t, 0)$ 　($t=0$ から $t=2\pi$ まで)

(3) $\boldsymbol{r}(t) = (3\cos t, 3\sin t, t)$ 　($t=0$ から $t=\pi$ まで)

16 $\boldsymbol{r} = u\boldsymbol{i} + v\boldsymbol{j} + f(u,v)\boldsymbol{k}$, $f(u,v) = u^3 - v$ で定まる曲面について，(u,v) に対応する点における単位法線ベクトルを求めよ．

17 $\boldsymbol{r} = u\boldsymbol{i} + v\boldsymbol{j} + f(u,v)\boldsymbol{k}$, $f(u,v) = uv(u+v)$ で定まる曲面について，(u,v) に対応する点における単位法線ベクトルを求めよ．

18 曲面 $f(x,y) = \sqrt{x^2+y^2}$ 上の点 $(3,-4,5)$ における接平面の方程式を求めよ．

2.1 ベクトル

19 曲面 $f(x,y) = 2x^3 - 6xy + 3y^2$ 上の点 $(1,2,2)$ における接平面の方程式を求めよ． （京都工芸大学） ◀教問 2.11

20 曲面 $f(x,y) = \sqrt{7-x^2-y^2}$ 上の点 $(2,1,\sqrt{2})$ における接平面の方程式を求めよ． ◀教問 2.11

B

例題 2.1 ベクトル $\boldsymbol{a} = 2\boldsymbol{i} + \boldsymbol{j}$, $\boldsymbol{b} = \boldsymbol{i} + 3\boldsymbol{j} + \boldsymbol{k}$, $\boldsymbol{c} = \boldsymbol{i} + \boldsymbol{j} + 4\boldsymbol{k}$ によってできる平行六面体の体積 V_1 と四面体の体積 V_2 を求めよ．

解 $\boldsymbol{a}, \boldsymbol{b}$ によってできる平行四辺形の面積を S とすると，$S = |\boldsymbol{a} \times \boldsymbol{b}|$ であり
$$\boldsymbol{a} \times \boldsymbol{b} \perp \boldsymbol{a} \quad \text{かつ} \quad \boldsymbol{a} \times \boldsymbol{b} \perp \boldsymbol{b}$$
$\boldsymbol{c}$ の $\boldsymbol{a} \times \boldsymbol{b}$ への正射影の長さ h は，$\boldsymbol{c}$ と $\boldsymbol{a} \times \boldsymbol{b}$ の作る角を θ とすると
$$h = \bigl||\boldsymbol{c}|\cos\theta\bigr| = \left||\boldsymbol{c}|\frac{\boldsymbol{c} \cdot (\boldsymbol{a} \times \boldsymbol{b})}{|\boldsymbol{c}||\boldsymbol{a} \times \boldsymbol{b}|}\right|$$
$$= \left|\frac{\boldsymbol{c} \cdot (\boldsymbol{a} \times \boldsymbol{b})}{|\boldsymbol{a} \times \boldsymbol{b}|}\right|$$

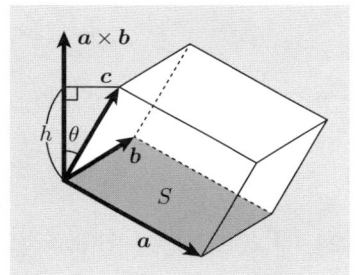

ここで，$\boldsymbol{a} \times \boldsymbol{b} = \left(\begin{vmatrix} 1 & 0 \\ 3 & 1 \end{vmatrix}, \begin{vmatrix} 0 & 2 \\ 1 & 1 \end{vmatrix}, \begin{vmatrix} 2 & 1 \\ 1 & 3 \end{vmatrix}\right) = \boldsymbol{i} - 2\boldsymbol{j} + 5\boldsymbol{k}$ である．

したがって，平行六面体の体積 V_1 は
$$V_1 = Sh = |\boldsymbol{a} \times \boldsymbol{b}|\left|\frac{\boldsymbol{c} \cdot (\boldsymbol{a} \times \boldsymbol{b})}{|\boldsymbol{a} \times \boldsymbol{b}|}\right| = |\boldsymbol{c} \cdot (\boldsymbol{a} \times \boldsymbol{b})| = 19$$

また，四面体の体積 V_2 は，$V_2 = \dfrac{1}{3}\left(\dfrac{1}{2}S\right)h = \dfrac{1}{6}Sh = \dfrac{19}{6}$ ■

■**補足** ベクトル $\boldsymbol{a}, \boldsymbol{b}, \boldsymbol{c}$ によってできる平行六面体の体積 V は次で求められる．
$$V = |\boldsymbol{c} \cdot (\boldsymbol{a} \times \boldsymbol{b})| \ (= |\boldsymbol{b} \cdot (\boldsymbol{c} \times \boldsymbol{a})| = |\boldsymbol{a} \cdot (\boldsymbol{b} \times \boldsymbol{c})|) = |\det(\boldsymbol{abc})|$$
↑det は行列式を表す記号

また，$\boldsymbol{a}, \boldsymbol{b}, \boldsymbol{c}$ によってできる四面体の体積は $\dfrac{1}{6}V$

第2章 ベクトル解析

21 次の3つのベクトルによってできる平行六面体の体積を求めよ.

(1) $a = i - 2j + 3k$,　$b = 3i + 2j + k$,　$c = 3j + 5k$

(2) $a = 6i - 4k$,　$b = -i + 7j + 2k$,　$c = i + j + 2k$

(3) $a = 3i - 7j$,　$b = i + 2j + 3k$,　$c = 2i + 4j - k$

22 原点 O と 3点 A$(1, 0, 3)$, B$(6, -2, a)$, C$(2, 2, 5)$ を頂点とする四面体の体積が $6\sqrt{2}$ であるように定数 a を定めよ.

23 原点 O と 3点 A, B, C について,各々の位置ベクトルを a, b, c とする.このとき次の問いに答えよ.

(1) 三角形 ABC の面積 S は

$$S = \frac{1}{2}|(b - a) \times (c - a)|$$

となることを確かめよ.

(2) A$(2, 3, -1)$, B$(-1, 2, 1)$, C$(1, 4, 0)$ のとき,三角形 ABC の面積を求めよ.

24 3点 A$(0, 2, 1)$, B$(3, a, -2)$, C$(4, 2, 3)$ を頂点とする三角形の面積が 15 となるように定数 a を定めよ.

25 原点 O と 2点 A$(0, 1, 2)$, B$(3, 3, 0)$ について,次の問いに答えよ.

(三重大学)

(1) $\angle$AOB $= \theta$ として,$\cos\theta$ を求めよ.

(2) 線分 AB の長さを求めよ.

(3) 3点 O, A, B を通る平面の法線ベクトルを求めよ.

(4) △AOB の面積を求めよ.

26 ベクトル

$$a = 2i + j + 2k, \quad b = 4i - j + k$$

の両方に垂直で,大きさが 1 であるベクトル c を求めよ. (金沢工業大学)

27 次の問いに答えよ．

(1) $\boldsymbol{a} = (2k_1, -3, 3)$, $\boldsymbol{b} = (1, 5, -2k_2)$ が平行となるように k_1, k_2 の値を定めよ．

(2) $\boldsymbol{a} = (-1, -3, 1)$, $\boldsymbol{b} = (2k, 5, k^2)$ が垂直となるように k の値を定めよ．

28 次の曲面の単位法線ベクトルを求めよ．
$$\boldsymbol{r} = u\cos v\, \boldsymbol{i} + u\sin v\, \boldsymbol{j} + 2u\, \boldsymbol{k}$$

29 点 (x, y, z) の位置ベクトル
$$\boldsymbol{r} = x\, \boldsymbol{i} + y\, \boldsymbol{j} + z\, \boldsymbol{k}$$
について，$r = |\boldsymbol{r}| \neq 0$ とする．次が成り立つことを証明せよ．

(1) $\dfrac{d}{dt}\left(\dfrac{\boldsymbol{r}}{r}\right) = \dfrac{1}{r}\dfrac{d\boldsymbol{r}}{dt} - \dfrac{dr}{dt}\dfrac{\boldsymbol{r}}{r^2}$

(2) $\dfrac{d}{dt}\left(\boldsymbol{r} \times \dfrac{d\boldsymbol{r}}{dt}\right) = \boldsymbol{r} \times \dfrac{d^2\boldsymbol{r}}{dt^2}$

30 ベクトル関数 $\boldsymbol{A}(t)$, $\boldsymbol{B}(t)$ について，次が成り立つことを証明せよ．

(1) $\displaystyle\int \boldsymbol{A}(t) \cdot \dfrac{d\boldsymbol{B}(t)}{dt}dt = \boldsymbol{A}(t) \cdot \boldsymbol{B}(t) - \int \dfrac{d\boldsymbol{A}(t)}{dt} \cdot \boldsymbol{B}(t)dt$

(2) $\displaystyle\int \boldsymbol{A}(t) \times \dfrac{d\boldsymbol{B}(t)}{dt}dt = \boldsymbol{A}(t) \times \boldsymbol{B}(t) - \int \dfrac{d\boldsymbol{A}(t)}{dt} \times \boldsymbol{B}(t)dt$

2.2 スカラー場・ベクトル場と積分公式

スカラー場 φ の勾配 $\nabla\varphi$　スカラー場 $\varphi(x,y,z)$ について，φ の勾配 $\nabla\varphi$ は

$$\nabla\varphi\ (=\mathrm{grad}\ \varphi) = \frac{\partial\varphi}{\partial x}\boldsymbol{i} + \frac{\partial\varphi}{\partial y}\boldsymbol{j} + \frac{\partial\varphi}{\partial z}\boldsymbol{k}$$

$\nabla = \boldsymbol{i}\dfrac{\partial}{\partial x} + \boldsymbol{j}\dfrac{\partial}{\partial y} + \boldsymbol{k}\dfrac{\partial}{\partial z}$: **ハミルトン演算子**（ナブラとよむ）

点 P における φ の勾配を，$(\nabla\varphi)_\mathrm{P} = \left(\left.\dfrac{\partial\varphi}{\partial x}\right|_\mathrm{P},\ \left.\dfrac{\partial\varphi}{\partial y}\right|_\mathrm{P},\ \left.\dfrac{\partial\varphi}{\partial z}\right|_\mathrm{P}\right)$ で表す．

勾配の性質　スカラー場 φ, ψ に対して，次が成り立つ．

(1)　$\nabla(\varphi + \psi) = \nabla\varphi + \nabla\psi$　　　(2)　$\nabla(c\varphi) = c\nabla\varphi$　（c は実数）

(3)　$\nabla(\varphi\psi) = (\nabla\varphi)\psi + \varphi(\nabla\psi)$　　(4)　$\nabla\left(\dfrac{\varphi}{\psi}\right) = \dfrac{(\nabla\varphi)\psi - \varphi(\nabla\psi)}{\psi^2}$

(5)　$\nabla f(\varphi) = f'(\varphi)\nabla\varphi$　（f はスカラー関数）

$\boldsymbol{A} = a_x\boldsymbol{i} + a_y\boldsymbol{j} + a_z\boldsymbol{k}$ とする．

ベクトル場 A の発散 div A

$$\mathrm{div}\ \boldsymbol{A} = \nabla\cdot\boldsymbol{A} = \frac{\partial}{\partial x}a_x + \frac{\partial}{\partial y}a_y + \frac{\partial}{\partial z}a_z$$

ベクトル場 A の回転 rot A

$\mathrm{rot}\ \boldsymbol{A} = \nabla\times\boldsymbol{A}$

$= \left(\dfrac{\partial}{\partial y}a_z - \dfrac{\partial}{\partial z}a_y\right)\boldsymbol{i} + \left(\dfrac{\partial}{\partial z}a_x - \dfrac{\partial}{\partial x}a_z\right)\boldsymbol{j} + \left(\dfrac{\partial}{\partial x}a_y - \dfrac{\partial}{\partial y}a_x\right)\boldsymbol{k}$

$= \begin{vmatrix} \boldsymbol{i} & \boldsymbol{j} & \boldsymbol{k} \\ \dfrac{\partial}{\partial x} & \dfrac{\partial}{\partial y} & \dfrac{\partial}{\partial z} \\ a_x & a_y & a_z \end{vmatrix}$

2.2 スカラー場・ベクトル場と積分公式

発散・回転の公式　ベクトル場 A, B に対して

(1)　$\nabla \cdot (A + B) = \nabla \cdot A + \nabla \cdot B$
(2)　$\nabla \cdot (cA) = c\nabla \cdot A$　（c は実数）
(3)　$\nabla \cdot (\varphi A) = (\nabla \varphi) \cdot A + \varphi (\nabla \cdot A)$　　（φ はスカラー場）
(1′)　$\nabla \times (A + B) = \nabla \times A + \nabla \times B$
(2′)　$\nabla \times (cA) = c\nabla \times A$　（c は実数）
(3′)　$\nabla \times (\varphi A) = \varphi (\nabla \times A) + (\nabla \varphi) \times A$　　（φ はスカラー場）

ラプラシアン ∇^2　$\nabla^2 = \dfrac{\partial^2}{\partial x^2} + \dfrac{\partial^2}{\partial y^2} + \dfrac{\partial^2}{\partial z^2}$ とおくと

$$\nabla \cdot (\nabla \varphi) = \nabla^2 \varphi = \frac{\partial^2 \varphi}{\partial x^2} + \frac{\partial^2 \varphi}{\partial y^2} + \frac{\partial^2 \varphi}{\partial z^2}$$

ここで，$\nabla^2 \varphi = \dfrac{\partial^2 \varphi}{\partial x^2} + \dfrac{\partial^2 \varphi}{\partial y^2} + \dfrac{\partial^2 \varphi}{\partial z^2} = 0$ を**ラプラスの方程式**という．また，この方程式 $\nabla^2 \varphi = 0$ を満たすとき，関数 φ を**調和関数**という．

スカラー場の線積分　曲線 $C : r = r(t)$ $(a \leqq t \leqq b)$ に沿うスカラー場 φ の線積分は

$$\int_C \varphi\, ds = \int_a^b \varphi \frac{ds}{dt} dt = \int_a^b \varphi \left| \frac{dr}{dt} \right| dt$$

$$= \int_a^b \varphi \sqrt{\left(\frac{dx}{dt}\right)^2 + \left(\frac{dy}{dt}\right)^2 + \left(\frac{dz}{dt}\right)^2}\, dt$$

特に $\varphi = 1$ のとき，これは曲線 C の長さとなる．

ベクトル場の線積分　$C : r = r(t) = x(t)\, i + y(t)\, j + z(t)\, k$ $(a \leq t \leq b)$ に沿うベクトル場 A の線積分は

$$\int_C A \cdot dr = \int_a^b A \cdot \frac{dr}{dt} dt$$

スカラー場の面積分　$\displaystyle\iint_D \varphi \left| \frac{\partial r}{\partial u} \times \frac{\partial r}{\partial v} \right| du\, dv$ をスカラー場 φ の<u>曲面 S に沿う面積分</u>といい，$\displaystyle\iint_S \varphi\, dS$ で表す．特に $\varphi = 1$ のとき，曲面 S の面積となる．

ベクトル場の面積分 ベクトル場 $\boldsymbol{A} = a_x \boldsymbol{i} + a_y \boldsymbol{j} + a_z \boldsymbol{k}$ 内の曲面 S を考える．単位法線ベクトルを $\boldsymbol{n}$ とする．

$$\iint_S \boldsymbol{A} \cdot \boldsymbol{n}\, dS = \iint_D \boldsymbol{A} \cdot \boldsymbol{n} \left| \frac{\partial \boldsymbol{r}}{\partial u} \times \frac{\partial \boldsymbol{r}}{\partial v} \right| du dv$$
$$= \iint_D \boldsymbol{A} \cdot \left(\frac{\partial \boldsymbol{r}}{\partial u} \times \frac{\partial \boldsymbol{r}}{\partial v} \right) du dv$$

をベクトル場 $\boldsymbol{A}$ の曲面 S に沿う**面積分**という．

グリーンの定理 xy 平面上に，正の向きをもつ単一閉曲線 C を考え，C で囲まれた領域を D とする．このとき D で関数 $F(x,y), G(x,y)$ が C^1 級であるならば，次が成り立つ．

$$\int_C (Fdx + Gdy) = \iint_D \left(\frac{\partial G}{\partial x} - \frac{\partial F}{\partial y} \right) dxdy$$

スカラー場の体積分 スカラー場 φ の定義域内に立体 V を考える．立体 V は球面などのように閉じた曲面 S（これを**閉曲面**という）に囲まれているとする．このとき

$$\iiint_V \varphi dV = \iiint_V \varphi dxdydz \quad (dV = dxdxydz)$$

をスカラー場 φ の V に沿う**体積分**という．特に，$\varphi = 1$ のときは，立体 V の体積となる．

ガウスの発散定理 閉曲面 S に囲まれた立体 V を考える．S の単位法線ベクトル $\boldsymbol{n}$ の向きは，図のように外向きとする．

このとき立体 V を含む領域のベクトル場 $\boldsymbol{A}$ について，次が成り立つ．

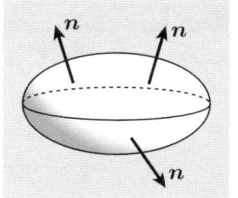

$$\iint_S \boldsymbol{A} \cdot \boldsymbol{n}\, dS = \iiint_V \nabla \cdot \boldsymbol{A}\, dV$$

ストークスの定理 単一閉曲線 $C: \bm{r} = \bm{r}(t)$ を曲面 S の境界であるとする．単位法線ベクトルの向き $\bm{n}$ は，曲面 S の外側を向き，連続的に変化するようにとる．曲面 S を含む領域のベクトル場 $\bm{A}$ について，次が成り立つ．

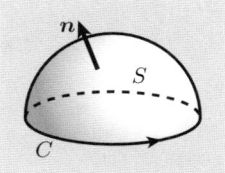

$$\iint_S (\nabla \times \bm{A}) \cdot \bm{n}\, dS = \int_C \bm{A} \cdot d\bm{r}$$

A

31 スカラー場 $\varphi = 4xz - 3y^3 z^2$ について，次を求めよ． ◀教問 2.12

(1) $\nabla \varphi$ (2) 点 $\mathrm{P}(1, 0, 2)$ における φ の勾配

32 点 (x, y, z) の位置ベクトル $\bm{r} = x\bm{i} + y\bm{j} + z\bm{k}$ について，$r = |\bm{r}| \neq 0$ とする．このとき $\nabla r = \dfrac{\bm{r}}{r}$ が成り立つことを示せ． ◀教問 2.13

33 スカラー場
$$\varphi = 2x^2 y + xz^3, \quad \psi = 3y^2 - x^2$$
について，$\nabla(3\varphi + 2\psi)$ を求めよ． ◀教問 2.13

34 スカラー場
$$\varphi = xyz, \quad \psi = x^2 + y^2 + z^2$$
について，次を求めよ． ◀教問 2.13

(1) $\nabla(\varphi\psi)$ (2) $\nabla\left(\dfrac{\varphi}{\psi}\right)$

35 次のベクトル場について，発散と回転を求めよ． ◀教問 2.14

(1) $\bm{A} = y\bm{i} + z\bm{j} - x\bm{k}$
(2) $\bm{A} = yz\bm{i} + zx\bm{j} + xy\bm{k}$

36 点 (x, y, z) の位置ベクトル $\bm{r} = x\bm{i} + y\bm{j} + z\bm{k}$ について，次を求めよ．
◀教問 2.14

(1) $\nabla \cdot \bm{r}$ (2) $\nabla \times \bm{r}$

第 2 章 ベクトル解析

37 点 (x,y,z) の位置ベクトル $\boldsymbol{r} = x\boldsymbol{i} + y\boldsymbol{j} + z\boldsymbol{k}$ について，$r = |\boldsymbol{r}| \neq 0$ とする．このとき
$$\nabla \cdot \frac{\boldsymbol{r}}{r} = \frac{2}{r}$$
が成り立つことを示せ． ◀教問 2.15

38 点 (x,y,z) の位置ベクトル $\boldsymbol{r} = x\boldsymbol{i} + y\boldsymbol{j} + z\boldsymbol{k}$ について，$r = |\boldsymbol{r}| \neq 0$ とする．このとき
$$\nabla \times \frac{\boldsymbol{r}}{r} = \boldsymbol{0}$$
が成り立つことを示せ． ◀教問 2.16

39 スカラー場 $\varphi = xy + yz + zx$ について $\nabla^2 \varphi$ を求めよ． ◀教問 2.17

40 点 (x,y,z) の位置ベクトル $\boldsymbol{r} = x\boldsymbol{i} + y\boldsymbol{j} + z\boldsymbol{k}$ について，$r = |\boldsymbol{r}| \neq 0$ とする．このとき次を求めよ． ◀教問 2.17
(1) $\nabla(\log r)$
(2) $\nabla^2(\log r)$

41 曲線 $C : \boldsymbol{r} = \boldsymbol{r}(t) = (t, t, t^2)$ $(0 \leqq t \leqq 2)$ に沿う次の線積分を求めよ．
$$\int_C (2x + y)\,ds$$
◀教問 2.18

42 原点 $O(0,0,0)$, $A(1,1,0)$, $B(1,1,1)$ によってできる折れ線 C に沿う次の線積分を求めよ．
$$\int_C (x^2 + z)\,ds$$
◀教問 2.19

43 曲線 $\boldsymbol{r} = \boldsymbol{r}(t) = (t, t^2, 0)$ $(0 \leqq t \leqq 1)$ に沿うベクトル場
$$\boldsymbol{A} = z\boldsymbol{i} - x\boldsymbol{j} + y\boldsymbol{k}$$
の線積分を求めよ． ◀教問 2.20

44 曲線 $\boldsymbol{r} = \boldsymbol{r}(t) = (2\cos t, 2\sin t, 0)$ $(0 \leqq t \leqq 2\pi)$ に沿うベクトル場
$$\boldsymbol{A} = (x + 2y)\boldsymbol{i} + (3x + z)\boldsymbol{j} + (y - 2z)\boldsymbol{k}$$
の線積分を求めよ． ◀教問 2.20

45 曲線 $r = r(t) = (\cos t, \sin t, 2t)$ $(0 \leqq t \leqq \pi)$ に沿うベクトル場
$$A = zy\,i - xz\,j + xy\,k$$
の線積分を求めよ. ◀︎教問 **2.20**

46 曲面 $S : r = r(u,v) = (u, v, 1-u-v)$ $(D : 0 \leqq u \leqq 1, 0 \leqq v \leqq 1-u)$ について,次を求めよ. ◀︎教問 **2.21**
 (1) 曲面 S の面積
 (2) スカラー場 $\varphi = 2x - y + z$ の S に沿う面積分

47 曲面 $S : r = r(u,v) = (u, v, 1-u-v)$ $(D : 0 \leqq u \leqq 1, 0 \leqq v \leqq 1-u)$ について,ベクトル場
$$A = z\,i - x\,j + y\,k$$
の S に沿う面積分を求めよ. ◀︎教問 **2.22**

48 グリーンの定理を用いて,次の線積分を求めよ. ◀︎教問 **2.23**
 (1) $\displaystyle\int_C \{(x^2 - y)dx + 3xy\,dy\}$ $(C : 0 \leqq x \leqq 3, 0 \leqq y \leqq 5$ の境界$)$
 (2) $\displaystyle\int_C \{(5 - 2x^2)dx + 4xy^2\,dy\}$ $(C : 0 \leqq x \leqq 2, 0 \leqq y \leqq 2-x$ の境界$)$

49 立方体 $V = \{(x,y,z) \mid 0 \leqq x \leqq 2, 0 \leqq y \leqq 2, 0 \leqq z \leqq 2\}$ のその表面を S とする.ベクトル場
$$A = xy\,i + yz\,j + 3zx\,k$$
の S における面積分の値を求めよ. ◀︎教問 **2.24**

50 球面
$$S = \{(x, y, z) \mid x^2 + y^2 + z^2 = 1,\ z \geqq 0\}$$
の単位法線ベクトル n の向きは,S の外向きで,その境界は $C : r = r(t) = \cos t\,i + \sin t\,j$ $(0 \leqq t \leqq 2\pi)$ とする.ベクトル場 $A = z\,i + y\,j + x\,k$ の
$\displaystyle\iint_S (\nabla \times A) \cdot n\,dS$ を求めよ. ◀︎教問 **2.25**

B

例題 2.2 曲面 S は xy 平面，yz 平面，zx 平面，$z = 1 - x - y$ ($x \geqq 0, y \geqq 0, z \geqq 0$) で囲まれた立体の表面から xy 平面上を除いた部分で，S の単位法線ベクトル $\boldsymbol{n}$ の向きは，S の外向きとする．このとき，ベクトル場 $\boldsymbol{A} = yz\,\boldsymbol{i} + x^2\,\boldsymbol{j} + y\,\boldsymbol{k}$ の $I = \iint_S (\nabla \times \boldsymbol{A}) \cdot \boldsymbol{n}\,dS$ を求めよ．

解 S の境界を C とすると，原点 O から反時計回りに

線分 OP：$(t, 0, 0)$ ($0 \leqq t \leqq 1$)
線分 PQ：$(1-t, t, 0)$ ($0 \leqq t \leqq 1$)
線分 QO：$(0, 1-t, 0)$ ($0 \leqq t \leqq 1$)

と表せる．したがって，ストークスの定理より

$$I = \iint_S (\nabla \times \boldsymbol{A}) \cdot \boldsymbol{n}\,dS = \int_C \boldsymbol{A} \cdot d\boldsymbol{r}$$

$$= \int_{\text{OP}} \boldsymbol{A} \cdot d\boldsymbol{r} + \int_{\text{PQ}} \boldsymbol{A} \cdot d\boldsymbol{r} + \int_{\text{QO}} \boldsymbol{A} \cdot d\boldsymbol{r}$$

$$\int_{\text{OP}} \boldsymbol{A} \cdot d\boldsymbol{r} = \int_0^1 t^2 \boldsymbol{j} \cdot \frac{d\boldsymbol{r}}{dt} dt = 0$$

$$\int_{\text{PQ}} \boldsymbol{A} \cdot d\boldsymbol{r} = \int_0^1 \left\{ (1-t)^2 \boldsymbol{j} + t\,\boldsymbol{k} \right\} \cdot \frac{d\boldsymbol{r}}{dt} dt$$

$$= \int_0^1 \left\{ (1-t)^2 \boldsymbol{j} + t\,\boldsymbol{k} \right\} \cdot (-\boldsymbol{i} + \boldsymbol{j}) dt$$

$$= \int_0^1 (1-t)^2 dt = -\frac{1}{3} \left[(1-t)^3 \right]_0^1 = \frac{1}{3}$$

$$\int_{\text{QO}} \boldsymbol{A} \cdot d\boldsymbol{r} = \int_0^1 (1-t)\boldsymbol{k} \cdot \frac{d\boldsymbol{r}}{dt} dt = 0$$

以上より，$I = \dfrac{1}{3}$ ∎

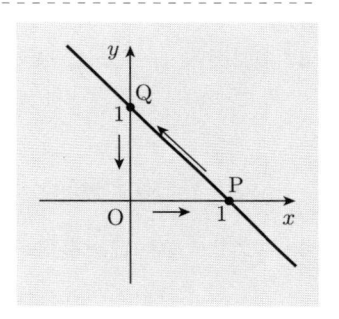

2.2 スカラー場・ベクトル場と積分公式

51 位置ベクトル $\boldsymbol{r} = x\boldsymbol{i} + y\boldsymbol{j} + z\boldsymbol{k}$ について，$r = |\boldsymbol{r}|$ とする．このとき $\nabla^2 f(r) = 0$ となる $f(r)$ を求めよ．

52 点 (x, y, z) の位置ベクトル $\boldsymbol{r} = x\boldsymbol{i} + y\boldsymbol{j} + z\boldsymbol{k}$ について，$r = |\boldsymbol{r}| \neq 0$ とする．このとき次を求めよ．
(1) $\nabla \left(\dfrac{1}{r} \right)$
(2) $\nabla (r^n)$

53 次の問いに答えよ． (室蘭大学)
(1) $\left(\dfrac{\partial^2}{\partial x^2} + \dfrac{\partial^2}{\partial y^2} \right) \ln(x^2 + y^2)$ を計算せよ．ただし $x^2 + y^2 \neq 0$ とする．
注意：$\ln$ は $\log_e$ の別表記．
(2) ベクトル場
$$\boldsymbol{A} = \left(\dfrac{x}{(x^2+y^2+z^2)^{\frac{3}{2}}}, \dfrac{y}{(x^2+y^2+z^2)^{\frac{3}{2}}}, \dfrac{z}{(x^2+y^2+z^2)^{\frac{3}{2}}} \right)$$
に対し，$\nabla = \left(\dfrac{\partial}{\partial x}, \dfrac{\partial}{\partial y}, \dfrac{\partial}{\partial z} \right)$ として，$\nabla \times \boldsymbol{A}$ を計算せよ．ただし $x^2 + y^2 + z^2 \neq 0$ とする．

54 ベクトル場 $\boldsymbol{A}, \boldsymbol{B}$ に対して，次の等式を証明せよ．
(1) $\nabla(\boldsymbol{A} \cdot \boldsymbol{B}) = (\boldsymbol{B} \cdot \nabla)\boldsymbol{A} + (\boldsymbol{A} \cdot \nabla)\boldsymbol{B} + \boldsymbol{B} \times (\nabla \times \boldsymbol{A}) + \boldsymbol{A} \times (\nabla \times \boldsymbol{B})$
(2) $\nabla \cdot (\boldsymbol{A} \times \boldsymbol{B}) = \boldsymbol{B} \cdot (\nabla \times \boldsymbol{A}) - \boldsymbol{A} \cdot (\nabla \times \boldsymbol{B})$

55 ベクトル場 $\boldsymbol{A}, \boldsymbol{B}$ に対して，次の等式を証明せよ．
(1) $\nabla \times (\nabla \times \boldsymbol{A}) = \nabla(\nabla \cdot \boldsymbol{A}) - \nabla^2 \boldsymbol{A}$
(2) $\nabla \times (\boldsymbol{A} \times \boldsymbol{B}) = (\boldsymbol{B} \cdot \nabla)\boldsymbol{A} - (\boldsymbol{A} \cdot \nabla)\boldsymbol{B} + \boldsymbol{A}(\nabla \cdot \boldsymbol{B}) - \boldsymbol{B}(\nabla \cdot \boldsymbol{A})$

56 次の曲線 C に沿うスカラー場 $\varphi = x^2 + y^2 + z^2$ の線積分を求めよ．
(1) C：原点 O から点 $(1, 1, 0)$ に至る線分
(2) $C : \boldsymbol{r}(t) = (t, 2t^2, 0) \quad (0 \leqq t \leqq 5)$

57 曲線 $r = r(t) = (t, 1-t^2, 0)$ $(0 \leqq t \leqq 1)$ に沿うベクトル場
$$A = zx\,i + xy\,j + yz\,k$$
の線積分を求めよ．

58 定義域 D 内のベクトル場 A について，$A = \nabla\varphi$ を満たすスカラー場 φ が存在し，D 内の曲線 $C : r = r(t)$ $(a \leqq t \leqq b)$ の始点を A，終点を B とする．このとき曲線 C の取り方に関係なく，次の等式が成り立つことを示せ．
$$\int_C A \cdot dr = \int_a^b \frac{d\varphi}{dt}dt = \varphi(\mathrm{B}) - \varphi(\mathrm{A})$$
特に，C が D 内の閉曲線ならば，$\displaystyle\int_C A \cdot dr = 0$ である．

59 曲面 $S : x + 2y + 3z = 6$ $(x \geqq 0, y \geqq 0, z \geqq 0)$ について，スカラー場
$$\varphi = x^2 + y$$
の S に沿う面積分を求めよ．

60 曲面 $S : x + \dfrac{y}{2} + \dfrac{z}{3} = 1$ $(x \geqq 0, y \geqq 0, z \geqq 0)$ について，ベクトル場
$$A = xz\,i - 3\,j + z\,k$$
の S に沿う面積分を求めよ．

61 点 P(1,0,0), Q(0,1,0), R(0,0,1) によってできる三角形の周を C，三角形で囲まれた曲面を S とする．このとき次のベクトル場の
$$\iint_S (\nabla \times A) \cdot n\,dS$$
を求めよ．

(1) $A = z\,i + y\,j + x\,k$

(2) $A = y\,i + z\,j + x\,k$

(3) $A = xy\,i + yz\,j + zx\,k$

C 発展問題

62 関数
$$f(x,y) = \log(x^2 + 2y^2)$$
について次の問いに答えよ． (秋田大学)

(1) 点 $(2,1)$ における勾配ベクトルを求めよ．
(2) 点 $(2,1)$ におけるグラフの接平面の点 $(3,2)$ における z 座標と，接点の z 座標との差を求めよ．

63 空間内に4点 $A(1,1,1), B(2,3,2), C(-2,0,3), D(0,2,5)$ をとる．3点 A, B, C を含む平面を π とする．このとき次の問いに答えよ． (静岡大学)

(1) 平面 π の方程式を求めよ．
(2) 点 D を通り，平面 π に垂直な直線の方程式を求めよ．
(3) 点 D と平面 π との距離を求めよ．
(4) 三角形 ABC の面積を求めよ．
(5) 四面体 ABCD の体積を求めよ．

64 3次元直交座標系における点 A, B, C の位置ベクトルをそれぞれ
$$\boldsymbol{a} = (1,4,3), \quad \boldsymbol{b} = (2,3,1), \quad \boldsymbol{c} = (3,p,q)$$
とする．$\boldsymbol{c}$ は $\boldsymbol{a}$ および $\boldsymbol{b}$ と直交している．以下の問いに答えよ．

(豊橋技術大学)

(1) $\boldsymbol{c}$ と $\boldsymbol{a}$ が直交していることから p, q の関係式を求めよ．
(2) $\boldsymbol{c}$ と $\boldsymbol{b}$ が直交していることから，もう一つの p, q の関係式を求めよ．
(3) 以上の関係式から p, q の値を定めよ．
(4) $\boldsymbol{c}$ の大きさを求めよ．
(5) $\boldsymbol{a}$ と $\boldsymbol{b}$ の外積（ベクトル積）$\boldsymbol{a} \times \boldsymbol{b}$ を求めよ．
(6) $\boldsymbol{a}, \boldsymbol{b}$ を2辺とする平行四辺形の面積 S を求めよ．
(7) $\boldsymbol{c}$ と $\boldsymbol{a} \times \boldsymbol{b}$ とのなす角 θ を求めよ．
(8) $\boldsymbol{a}, \boldsymbol{b}, \boldsymbol{c}$ が作る平行六面体の体積 V を求めよ．

65 原点 O を中心とする半径が 1 の球（単位球）に内接する正四面体を考える．球の中心から各頂点 A, B, C, D に至る 4 本のベクトルを $\overrightarrow{OA}, \overrightarrow{OB}, \overrightarrow{OC}, \overrightarrow{OD}$ とし，$\overrightarrow{OA}$ を z 軸に，$\overrightarrow{OB}$ を xz 平面におき，その 4 本のうち，任意の 2 本のベクトルのなす角を θ とする．このとき各ベクトルの成分は次のように表せる．

$$\overrightarrow{OA} = (0, 0, 1)$$
$$\overrightarrow{OB} = (-\sin\theta, 0, \cos\theta)$$
$$\overrightarrow{OC} = (\sin\theta\cos 60°, -\sin\theta\sin 60°, \cos\theta)$$
$$\overrightarrow{OD} = (\sin\theta\cos 60°, \sin\theta\sin 60°, \cos\theta)$$

（東北大学）

(1) $\cos\theta, \sin\theta$ の値を求めよ．
(2) 単位球と頂点 B で接する平面の方程式を求めよ．
(3) 正四面体の 1 辺の長さを求めよ．
(4) 正四面体の体積を求めよ．

66 i, j, k をそれぞれ x, y, z 方向の単位ベクトルとして，以下の問いに答えよ．

（北海道大学）

(1) 積分経路 $C : \boldsymbol{r}(t) = \cos t\, \boldsymbol{i} + \sin t\, \boldsymbol{j} + 2t\, \boldsymbol{k}$ （$0 \leqq t \leqq \pi$）に沿ったベクトル関数 $\boldsymbol{F} = x\boldsymbol{i} + 2y\boldsymbol{j} + z\boldsymbol{k}$ の線積分 $\int_C \boldsymbol{F} \cdot d\boldsymbol{r}$ を求めよ．

(2)
$$f(\boldsymbol{r}) = \frac{1}{\sqrt{r^2+1}} \quad (\boldsymbol{r} = x\boldsymbol{i} + y\boldsymbol{j} + z\boldsymbol{k},\ r = |\boldsymbol{r}|)$$

とし，原点を中心とする半径が 2 の球の表面を S と表す．このとき S 上の点 $\boldsymbol{p} = x_p\boldsymbol{i} + y_p\boldsymbol{j} + z_p\boldsymbol{k}$ における $\nabla f \cdot \boldsymbol{n}$ を求めよ．ただし $\boldsymbol{n}$ は $\boldsymbol{p}$ における S の外向き単位法線ベクトルであり，$\nabla f = \dfrac{\partial f}{\partial x}\boldsymbol{i} + \dfrac{\partial f}{\partial y}\boldsymbol{j} + \dfrac{\partial f}{\partial z}\boldsymbol{k}$ とする．

3 ラプラス変換

3.1 ラプラス変換と逆ラプラス変換

ラプラス変換 関数 $f(t)$ $(t>0)$ に対して積分

$$F(s) = \mathscr{L}[f(t)] = \int_0^\infty f(t)e^{-st}\,dt$$
$$= \lim_{\substack{n\to\infty \\ \varepsilon\to +0}} \int_\varepsilon^n f(t)e^{-st}\,dt$$

が存在するとき，$F(s)$ を $f(t)$ の**ラプラス変換**という．$F(s)$ を $f(t)$ の**像関数**といい，これに対して $f(t)$ を $F(s)$ の**原関数**という．

単位ステップ関数 関数 $U(t)$ を次のように定め，**単位ステップ関数**あるいは**ヘビサイド関数**という．

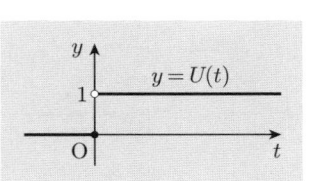

$$U(t) = \begin{cases} 0 & (t \leqq 0) \\ 1 & (t > 0) \end{cases}$$

ラプラス変換の公式 $F(s) = \mathscr{L}[f(t)]$, $G(s) = \mathscr{L}[g(t)]$ のとき，以下が成立する．

[I] ラプラス変換の線形性，相似性，移動法則

(1) $\mathscr{L}[\alpha f(t) + \beta g(t)] = \alpha F(s) + \beta G(s)$ （α, β は定数） **（線形性）**

(2) $\mathscr{L}[f(at)] = \dfrac{1}{a}F\left(\dfrac{s}{a}\right)$ $(a > 0)$ **（相似性）**

(3) $\mathscr{L}[e^{\alpha t}f(t)] = F(s - \alpha)$ （α は定数） **（像関数の移動法則）**

(4) $\mathscr{L}[f(t - \mu)U(t - \mu)] = e^{-\mu s}F(s)$ $(\mu \geqq 0)$ **（原関数の移動法則）**

[II] ラプラス変換の微分法則，積分法則

(5) $\mathscr{L}[tf(t)] = -F'(s)$ （像関数の微分法則（1階））

(6) $\mathscr{L}[t^n f(t)] = (-1)^n F^{(n)}(s)$ （像関数の微分法則（n階））

(7) $\mathscr{L}[f'(t)] = sF(s) - f(0)$ （原関数の微分法則（1階））

(8) $\mathscr{L}[f^{(n)}(t)] = s^n F(s) - f(0)s^{n-1} - f'(0)s^{n-2} - \cdots - f^{(n-1)}(0)$
  （原関数の微分法則（n階））

(9) $\mathscr{L}\left[\dfrac{f(t)}{t}\right] = \displaystyle\int_s^\infty F(\sigma)d\sigma$ （像関数の積分法則）

(10) $\mathscr{L}\left[\displaystyle\int_0^t f(\tau)d\tau\right] = \dfrac{F(s)}{s}$ （原関数の積分法則）

具体的な関数のラプラス変換

(1) $\mathscr{L}[1] = \dfrac{1}{s}$ (2) $\mathscr{L}[t] = \dfrac{1}{s^2}$

(3) $\mathscr{L}[t^n] = \dfrac{n!}{s^{n+1}}$ (4) $\mathscr{L}[e^{\alpha t}] = \dfrac{1}{s-\alpha}$

(5) $\mathscr{L}[te^{\alpha t}] = \dfrac{1}{(s-\alpha)^2}$ (6) $\mathscr{L}[t^n e^{\alpha t}] = \dfrac{n!}{(s-\alpha)^{n+1}}$

(7) $\mathscr{L}[\sin\omega t] = \dfrac{\omega}{s^2+\omega^2}$ (8) $\mathscr{L}[\cos\omega t] = \dfrac{s}{s^2+\omega^2}$

(9) $\mathscr{L}[e^{\alpha t}\sin\omega t] = \dfrac{\omega}{(s-\alpha)^2+\omega^2}$ (10) $\mathscr{L}[e^{\alpha t}\cos\omega t] = \dfrac{s-\alpha}{(s-\alpha)^2+\omega^2}$

(11) $\mathscr{L}[t\sin\omega t] = \dfrac{2\omega s}{(s^2+\omega^2)^2}$ (12) $\mathscr{L}[t\cos\omega t] = \dfrac{s^2-\omega^2}{(s^2+\omega^2)^2}$

(13) $\mathscr{L}[U(t-a)] = \dfrac{e^{-as}}{s}$ ($a \geqq 0$)

逆ラプラス変換

$\mathscr{L}[f(t)] = F(s)$ のとき，不連続な点を除いて原関数は一意的に定まる．これより，この $f(t)$ を $F(s)$ の**逆ラプラス変換**といい，$\mathscr{L}^{-1}[F(s)]$ とかく．

逆ラプラス変換の線形性

$\mathscr{L}[f(t)] = F(s), \mathscr{L}[g(t)] = G(s)$ のとき
$$\mathscr{L}^{-1}[\alpha F(s) + \beta G(s)] = \alpha f(t) + \beta g(t)$$

ヘビサイド法による部分分数分解

(i) 分母に $(s-\alpha)^n$ の項がある場合

$G(s) = \dfrac{F(s)}{(s-\alpha)^n H(s)}$ は $(F(s)\text{ の次数}) - (H(s)\text{ の次数})$ が n 未満, $H(\alpha) \neq 0$ であるとき $(*)$ のように部分分数分解できる．ただし $I(s)$ は $H(s)$ の次数未満の多項式, α, c_k $(k = 0, 1, \ldots, n-1)$ は実数である．

$$G(s) = \sum_{k=0}^{n-1} \frac{c_k}{(s-\alpha)^{n-k}} + \frac{I(s)}{H(s)} \quad \cdots (*)$$

$$= \frac{c_{n-1}}{s-\alpha} + \cdots + \frac{c_k}{(s-\alpha)^{n-k}} + \cdots + \frac{c_0}{(s-\alpha)^n} + \frac{I(s)}{H(s)}$$

ここで，実数 c_k は次のように計算できる．

$$c_k = \frac{1}{k!} \left(\frac{d^k}{ds^k} G(s)(s-\alpha)^n \right) \bigg|_{s=\alpha}$$

$$= \frac{1}{k!} \left(\frac{F(s)}{H(s)} \right)^{(k)} \bigg|_{s=\alpha} \quad (k = 0, 1, 2, \ldots, n-1)$$

特に $n = 1$ であれば

$$c_0 = G(s)(s-\alpha)|_{s=\alpha}$$

(ii) 分母に $s^2 + as + b$（判別式 $D < 0$）の項がある場合

$G(s) = \dfrac{F(s)}{(s^2+as+b)H(s)}$ に対し，$s^2 + as + b = 0$ が虚数解 $s = p \pm qi$ をもち，$H(p \pm qi) \neq 0$，$(F(s)\text{ の次数}) - (H(s)\text{ の次数})$ が 2 未満であるとする．このとき $G(s)$ は $(*)$ のように部分分数分解できる．ただし，$I(s)$ は $H(s)$ の次数未満の多項式である．

$$G(s) = \frac{\alpha s + \beta}{s^2 + as + b} + \frac{I(s)}{H(s)} \quad \cdots (*)$$

ここで，α, β は次式が複素数として等しくなるように定めればよい．

$$G(s)(s^2 + as + b)\big|_{s=p+qi} = (\alpha s + \beta)|_{s=p+qi}$$

A

1 次の関数のラプラス変換を定義にしたがって求めよ． ◀教問 3.1

(1) $f(t) = t \quad (t > 0)$ (2) $g(t) = t^2 - 1 \quad (t > 0)$

2 次の関数のラプラス変換を求めよ． ◀教問 3.2

(1) $f_1(t) = \begin{cases} 1 & (0 < t \leqq 2) \\ 3 & (2 \leqq t \leqq 4) \\ 0 & (t > 4) \end{cases}$

(2) $f_2(t) = \begin{cases} 2 & (0 < t \leqq 3) \\ -1 & (3 \leqq t \leqq 5) \\ 4 & (t > 5) \end{cases}$

(3) $f_3(t) = \begin{cases} t - 1 & (0 < t \leqq 1) \\ 0 & (t > 1) \end{cases}$

(4) $f_4(t) = \begin{cases} t^2 - 4 & (0 < t \leqq 2) \\ 0 & (t > 2) \end{cases}$

3 $\sinh t = \dfrac{e^t - e^{-t}}{2}, \cosh t = \dfrac{e^t + e^{-t}}{2}$ を**双曲線関数**という．このとき次の関数のラプラス変換を求めよ．ただし $a \ (\neq 0)$ は実数とする． ◀教問 3.3

(1) $f(t) = \sinh at$ (2) $g(t) = \cosh at$

4 **3** で定義した双曲線関数に関し，**3** の結果と『応用数学』**3.3** 像関数の微分法則より，以下を求めよ．ただし $a \neq 0$ とする． ◀教問 3.5

(1) $\mathscr{L}[t \sinh at], \mathscr{L}[t \cosh at]$ (2) $\mathscr{L}[t^2 \sinh at], \mathscr{L}[t^2 \cosh at]$

5 以下の問いに答えよ．ただし $\omega \neq 0$ である． ◀教問 3.7

(1) $(\sinh \omega t)', (\cosh \omega t)'$ を求めよ．

(2) **3** の (1) の結果と『応用数学』**3.4** 原関数の微分法則を用いて，$\mathscr{L}[\cosh \omega t]$ を求めよ．

(3) **3** の (2) の結果と『応用数学』**3.4** 原関数の微分法則を用いて，$\mathscr{L}[\sinh \omega t]$ を求めよ．

3.1 ラプラス変換と逆ラプラス変換

6 次の関数のラプラス変換を求めよ．ただし a, b は実数である． ◀教問 3.8

(1) $f_1(t) = \dfrac{e^{at} - e^{bt}}{t} \quad (a \neq b)$ (2) $f_2(t) = \displaystyle\int_0^t \sin a\tau \, d\tau$

(3) $f_3(t) = \displaystyle\int_0^t \cos a\tau \, d\tau$ (4) $f_4(t) = \dfrac{\cos at - 1}{t}$

7 次の関数のラプラス変換を求めよ． ◀教問 3.9

(1) $f_1(t) = 3 - 2t + 2t^2$ (2) $f_2(t) = 3e^t - 4e^{3t}$

(3) $f_3(t) = e^{-t} + 3te^{2t}$ (4) $f_4(t) = e^{2t} + 3\sin t$

8 次の関数のラプラス変換を求めよ． ◀教問 3.9

(1) $f_1(t) = (t+1)^2$ (2) $f_2(t) = (e^{-t} + 2e^t)^2$

(3) $f_3(t) = \sin t \cos t$ (4) $f_4(t) = \sin t \cos 2t$

(5) $f_5(t) = t^2 \sin 2t$ (6) $f_6(t) = t^2 \cos t$

9 次の関数の逆ラプラス変換を求めよ． ◀教問 3.10

(1) $F_1(s) = \dfrac{1}{s^3}$ (2) $F_2(s) = \dfrac{4}{s} + \dfrac{1}{s^4}$

(3) $F_3(s) = \dfrac{3}{s^5}$ (4) $F_4(s) = \dfrac{3}{s-1}$

(5) $F_5(s) = \dfrac{3}{s-1} + \dfrac{4}{s+2}$ (6) $F_6(s) = \dfrac{1}{s^2+2}$

(7) $F_7(s) = \dfrac{2s}{s^2+9}$ (8) $F_8(s) = \dfrac{2s}{s^2+1} - \dfrac{5}{s^2+1}$

10 次の関数の逆ラプラス変換を求めよ． ◀教問 3.10

(1) $F_1(s) = \dfrac{2s+3}{s^2}$ (2) $F_2(s) = \dfrac{4s^2+5s+1}{s^3}$

(3) $F_3(s) = \dfrac{2(s+1)-5}{(s+1)^2}$ (4) $F_4(s) = \dfrac{2s-4}{(s-2)^2}$

(5) $F_5(s) = \dfrac{(s-2)^3 + s + 2}{(s-2)^4}$ (6) $F_6(s) = \dfrac{3s-1}{s^2+4}$

(7) $F_7(s) = \dfrac{2s+3}{s^2+3}$ (8) $F_8(s) = \dfrac{3s+1}{(s+1)^2+5}$

(9) $F_9(s) = \dfrac{3s-4}{s^2-4s+8}$ (10) $F_{10}(s) = \dfrac{3s-1}{s^2+2s+3}$

第3章 ラプラス変換

11 次の関数の逆ラプラス変換を求めよ． ◀教問 3.11

(1) $F_1(s) = \dfrac{3}{s(s-2)}$

(2) $F_2(s) = \dfrac{3s-1}{(s+3)(s-1)}$

(3) $F_3(s) = \dfrac{s-1}{(s+4)(s-5)}$

(4) $F_4(s) = \dfrac{3s+1}{s^2-2s-15}$

(5) $F_5(s) = \dfrac{4s-3}{s^2+s-6}$

(6) $F_6(s) = \dfrac{2s-1}{s^2-3s-10}$

12 次の関数の逆ラプラス変換を求めよ． ◀教問 3.12

(1) $F_1(s) = \dfrac{1}{s(s-1)(s+2)}$

(2) $F_2(s) = \dfrac{2s-1}{(s-1)(s+1)(s-3)}$

(3) $F_3(s) = \dfrac{2s-3}{(s-1)(s+2)(s-5)}$

(4) $F_4(s) = \dfrac{s^2-2s+4}{s^4-3s^3-6s^2+8s}$

(5) $F_5(s) = \dfrac{4s^2-s+1}{s^3-7s+6}$

(6) $F_6(s) = \dfrac{s^2-2s-5}{s^3-4s^2+s+6}$

13 次の関数の逆ラプラス変換を求めよ． ◀教問 3.13

(1) $F_1(s) = \dfrac{3s^2-4s-2}{(s-2)^3}$

(2) $F_2(s) = \dfrac{5s-1}{(s+1)^2}$

(3) $F_3(s) = \dfrac{s^4-s^2-24}{(s-1)^5}$

(4) $F_4(s) = \dfrac{s^2+2s-6}{s^3-3s^2+3s-1}$

14 次の関数の逆ラプラス変換を求めよ． ◀教問 3.14

(1) $F_1(s) = \dfrac{s-6}{s^2(s-2)}$

(2) $F_2(s) = \dfrac{2s-1}{(s-3)^2(s-1)}$

(3) $F_3(s) = \dfrac{3s-1}{s^2(s-1)(s+1)}$

(4) $F_4(s) = \dfrac{3s+6}{s^4+2s^3+s^2}$

(5) $F_5(s) = \dfrac{3s-4}{(s-1)^2(s-2)^2}$

(6) $F_6(s) = \dfrac{s^2-6s+4}{s^3(s-1)^2}$

15 次の関数の逆ラプラス変換を求めよ． ◀教問 3.15

(1) $F_1(s) = \dfrac{4s-3}{s(s^2+1)}$

(2) $F_2(s) = \dfrac{5}{(s-1)(s^2+4)}$

(3) $F_3(s) = \dfrac{s-4}{(s-2)(s^2+1)}$

(4) $F_4(s) = \dfrac{1}{s(s^2-4s+5)}$

16 次の関数の逆ラプラス変換を求めよ.

(1) $F_1(s) = \dfrac{2s-1}{s^2(s^2+4)}$ 　　(2) $F_2(s) = \dfrac{s-5}{(s-1)^2(s^2+1)}$

(3) $F_3(s) = \dfrac{2}{s(s^2+2s+2)}$ 　　(4) $F_4(s) = \dfrac{3s+1}{(s-2)(s-1)(s^2+1)}$

B

例題 3.1 $\alpha > 0$ に対して, $\Gamma(\alpha) = \displaystyle\int_0^\infty x^{\alpha-1}e^{-x}\,dx$ で定義される関数 $\Gamma(\alpha)$ を**ガンマ関数**という. このとき以下の問いに答えよ.

(1) 次の等式を示せ.
 (i) $\Gamma(1) = 1$ 　(ii) $\Gamma(\alpha+1) = \alpha\Gamma(\alpha)$ 　(iii) $\Gamma(n+1) = n!$

(2) $\displaystyle\int_0^\infty e^{-x^2}\,dx = \dfrac{\sqrt{\pi}}{2}$ を用いて, $\Gamma\left(\dfrac{1}{2}\right)$ を求めよ.

(3) $\mathscr{L}[t^\alpha] = \dfrac{\Gamma(\alpha+1)}{s^{\alpha+1}}$ $(\alpha > -1,\ s > 0)$ を示せ.

解 (1) (i) $\Gamma(1) = \displaystyle\int_0^\infty e^{-x}\,dx = \left[-e^{-x}\right]_0^\infty = 1$

(ii) $\Gamma(\alpha+1) = \displaystyle\int_0^\infty x^\alpha e^{-x}\,dx$

$\qquad = \left[x^\alpha(-e^{-x})\right]_0^\infty + \alpha\displaystyle\int_0^\infty x^{\alpha-1}e^{-x}\,dx = \alpha\Gamma(\alpha)$

(iii) (ii) より

$\Gamma(n+1) = n\Gamma(n) = n(n-1)\Gamma(n-1) = \cdots = n(n-1)\cdots\Gamma(1) = n!$

(2) $\Gamma\left(\dfrac{1}{2}\right) = \displaystyle\int_0^\infty x^{-\frac{1}{2}}e^{-x}\,dx$ より, $y = \sqrt{x}$ とおくと $dy = \dfrac{1}{2\sqrt{x}}dx,\ 0 \leqq y < \infty$ より

$\Gamma\left(\dfrac{1}{2}\right) = \displaystyle\int_0^\infty x^{-\frac{1}{2}}e^{-x}\,dx = 2\displaystyle\int_0^\infty e^{-y^2}\,dy = 2\dfrac{\sqrt{\pi}}{2} = \sqrt{\pi}$

(3) $\mathscr{L}[t^\alpha] = \displaystyle\int_0^\infty t^\alpha e^{-st}\,dt$ より, $u = st$ とおくと $du = s\,dt,\ 0 \leqq u < \infty$ であるので

$$\mathscr{L}[t^\alpha] = \int_0^\infty t^\alpha e^{-st}\,dt = \int_0^\infty \left(\frac{u}{s}\right)^\alpha e^{-u}\frac{1}{s}du$$
$$= \frac{1}{s^{\alpha+1}}\int_0^\infty u^{\alpha+1-1}e^{-u}\,du = \frac{\Gamma(\alpha+1)}{s^{\alpha+1}} \quad\blacksquare$$

例題 3.2 $f(t)$ $(t>0)$ を周期 l $(l>0)$ の周期関数とする．このとき次を示せ．
$$\mathscr{L}[f(t)] = \frac{1}{1-e^{-sl}}\int_0^l f(t)e^{-st}\,dt$$

解 まず，$f(t) = f(t+l) = \cdots = f(t+nl)$ $(n=0,1,2,\ldots)$ であることに注意する．このとき

$$\mathscr{L}[f(t)] = \int_0^\infty f(t)e^{-st}\,dt$$
$$= \int_0^l f(t)e^{-st}\,dt + \int_l^{2l} f(t)e^{-st}\,dt + \cdots + \int_{nl}^{(n+1)l} f(t)e^{-st}\,dt + \cdots$$

ここで $F_n(s) = \int_{nl}^{(n+1)l} f(t)e^{-st}\,dt$ とおくと

$$\mathscr{L}[f(t)] = F_0(s) + F_1(s) + \cdots + F_n(s) + \cdots$$

であり，$t = x+nl$ とおくと $dt = dx$, $0 \leq x \leq l$ より

$$F_n(s) = \int_{nl}^{(n+1)l} f(t)e^{-st}\,dt = \int_0^l f(x+nl)e^{-s(x+nl)}\,dx$$
$$= e^{-nsl}\int_0^l f(x)e^{-sx}\,dx = e^{-nsl}F_0(s)$$

$\therefore\ \mathscr{L}[f(t)] = F_0(s) + F_1(s) + F_2(s) + \cdots + F_n(s) + \cdots$

$= F_0(s) + e^{-sl}F_0(s) + e^{-2sl}F_0(s) + \cdots + e^{-nsl}F_0(s) + \cdots$

$= F_0(s)(1 + e^{-sl} + e^{-2sl} + \cdots + e^{-nsl} + \cdots)\ \ \leftarrow s>0$ のとき，$|e^{-sl}|<1$

$= \dfrac{F_0(s)}{1-e^{-sl}} = \dfrac{1}{1-e^{-sl}}\int_0^l f(t)e^{-st}\,dt\ \ \leftarrow \sum_{n=1}^\infty ar^{n-1} = \dfrac{a}{1-r}\ \ (|r|<1)$ $\blacksquare$

3.1 ラプラス変換と逆ラプラス変換

17 次の関数のラプラス変換を求めよ．

(1) $f_1(t)=\sqrt{t}$ (2) $f_2(t)=t\sqrt{t}$ (3) $f_3(t)=2\sqrt{t}+3t^2\sqrt{t}$

(4) $f_4(t)=3e^{2t}\sqrt{t}$ (5) $f_5(t)=e^{-t}t\sqrt{t}$ (6) $f_6(t)=e^t(\sqrt{t}+t\sqrt{t})$

(7) $f_7(t)=\dfrac{1}{\sqrt{t}}$ (8) $f_8(t)=\dfrac{3t+2}{\sqrt{t}}$ (9) $f_9(t)=\dfrac{(t+1)^2}{\sqrt{t}}$

18 次の関数のラプラス変換を求めよ．

(1) $f_1(t) = (t-1)^3 U(t-1)$
(2) $f_2(t) = \sin(t-\pi) U(t-\pi)$
(3) $f_3(t) = e^{t-2} U(t-2)$
(4) $f_4(t) = \sqrt{t-4} U(t-4)$
(5) $f_5(t) = \cos(2t-4) U(t-2)$
(6) $f_6(t) = e^{3t-3} U(t-1)$

19 次の周期関数のラプラス変換を求めよ．

(1) $f(t) = \begin{cases} 1 & (0 < t \leqq 1) \\ -1 & (1 < t \leqq 2) \end{cases}$, $f(t+2) = f(t)$

(2) $g(t) = \begin{cases} 1 & (0 < t \leqq 2) \\ 0 & (2 < t \leqq 4) \end{cases}$, $f(t+4) = f(t)$

(3) $h(t) = \begin{cases} 3-t & (0 < t \leqq 3) \\ 0 & (3 < t \leqq 6) \end{cases}$, $f(t+6) = f(t)$

20 $f(t) = t^2 \cos \omega t \ (\omega \neq 0)$ について，以下の問いに答えよ．

(1) $f''(t) = 2\cos\omega t - 4\omega t \sin\omega t - \omega^2 t^2 \cos\omega t$ となることを示せ．
(2) $\mathscr{L}[f''(t)] = s^2 \mathscr{L}[f(t)]$ となることを示せ．
(3) (1), (2) より，$\mathscr{L}[t^2 \cos\omega t]$ を求めよ．

21 $f(t) = t^2 \sin \omega t \ (\omega \neq 0)$ について，以下の問いに答えよ．

(1) $f''(t) = 2\sin\omega t + 4\omega t \cos\omega t - \omega^2 t^2 \sin\omega t$ となることを示せ．
(2) $\mathscr{L}[f''(t)] = s^2 \mathscr{L}[f(t)]$ となることを示せ．
(3) (1), (2) より，$\mathscr{L}[t^2 \sin\omega t]$ を求めよ．

22 次の関数の逆ラプラス変換を求めよ．

(1) $F_1(s) = \dfrac{4e^{-3s}}{s^5}$

(2) $F_2(s) = \dfrac{e^{-3s}}{s-1}$

(3) $F_3(s) = \dfrac{e^{-\pi s}}{s^2+4}$

(4) $F_4(s) = \dfrac{se^{-\frac{\pi}{2}s}}{s^2+9}$

(5) $F_5(s) = \dfrac{e^{-2s}}{(s-1)^2+1}$

(6) $F_6(s) = \dfrac{(s-2)e^{-s}}{(s-2)^2+1}$

23 次の関数の逆ラプラス変換を求めよ．

(1) $F_1(s) = \dfrac{2}{s\sqrt{s}}$

(2) $F_2(s) = \dfrac{3\sqrt{\pi}}{s^2\sqrt{s}}$

(3) $F_3(s) = \dfrac{\sqrt{\pi}}{2s^3\sqrt{s}}$

(4) $F_4(s) = \dfrac{2s-1}{s\sqrt{s}}$

24 次の関数の逆ラプラス変換を求めよ．

(1) $F_1(s) = \dfrac{2\sqrt{\pi}}{(s-3)\sqrt{s-3}}$

(2) $F_2(s) = \dfrac{3}{(s-1)^2\sqrt{s-1}}$

(3) $F_3(s) = \dfrac{15\sqrt{\pi}}{4(s-2)^4\sqrt{s-2}}$

(4) $F_4(s) = \dfrac{\sqrt{\pi}}{(s-5)^3\sqrt{s-5}}$

25 $F(s) = \dfrac{1}{(s^2+1)^2}$ の逆ラプラス変換を以下の問いにしたがい求めよ．

(1) 次の恒等式が成り立つように実数 a, b, c, d の値を求めよ．

$$\dfrac{1}{(s^2+1)^2} = \dfrac{as+b}{s^2+1} + \dfrac{c(s^2-1)+ds}{(s^2+1)^2}$$

(2) $\mathscr{L}^{-1}[F(s)]$ を求めよ．

26 次の関数の逆ラプラス変換を求めよ．

(1) $F_1(s) = \dfrac{2s+1}{(s^2+1)(s^2+4)}$

(2) $F_2(s) = \dfrac{4s-3}{(s^2+1)(s^2+9)}$

(3) $F_3(s) = \dfrac{s^2+3s-2}{(s^2+4)^2}$

(4) $F_4(s) = \dfrac{s^3-s^2+4s-2}{(s^2+1)^2}$

3.2 ラプラス変換の応用

常微分方程式の解法

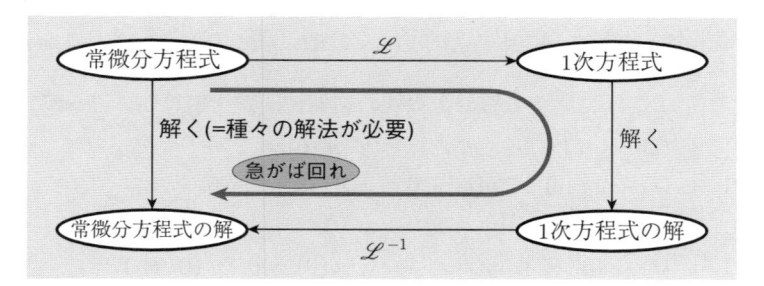

常微分方程式 $\xrightarrow{\mathscr{L}}$ 1次方程式

解く(=種々の解法が必要) / 急がば回れ

常微分方程式の解 $\xleftarrow{\mathscr{L}^{-1}}$ 1次方程式の解

畳込み 関数 $f(t), g(t)$ に対し
$$f(t) * g(t) = \int_0^t f(\tau)g(t-\tau)d\tau$$
と定め，$f(t)$ と $g(t)$ の**畳込み**，または**合成積**という．

畳込みの性質 関数 $f(t), g(t), h(t)$ に対し，以下が成立する．
(1) $f(t) * g(t) = g(t) * f(t)$
(2) $f(t) * (g(t) + h(t)) = f(t) * g(t) + f(t) * h(t)$

畳込みのラプラス変換 $F(s) = \mathscr{L}[f(t)], G(s) = \mathscr{L}[g(t)]$ のとき
$$\mathscr{L}[f(t) * g(t)] = F(s)G(s)$$

A

27 次の $y = y(t)$ に関する微分方程式の初期値問題を解け．　　◀ 教問 3.16

(1) $y'(t) = 3y, \quad y(0) = -1$
(2) $y'(t) = 5t^4, \quad y(0) = 1$
(3) $y'(t) - y(t) = 6t^2 e^t, \quad y(0) = 0$
(4) $y'(t) + 2y(t) = 4e^{-2t}, \quad y(0) = 1$
(5) $y'(t) = \cos 3t, \quad y(0) = 1$
(6) $y'(t) = t^3 + \cos 2t, \quad y(0) = -2$
(7) $y'(t) = 5t^3 + 4t^4, \quad y(0) = -1$
(8) $y'(t) - y(t) = 2e^t \sin 2t, \quad y(0) = 1$

28 次の $y=y(t)$ に関する微分方程式の初期値問題を解け． ◀教問 3.16

  (1) $y'(t)+y(t)=3e^{2t},\ y(0)=-1$ (2) $y'(t)-4y(t)=8,\ y(0)=3$
  (3) $y'(t)-y(t)=4e^{5t},\ y(0)=-1$ (4) $y'(t)+3y(t)=1,\ y(0)=-1$
  (5) $y'(t)-y(t)=4te^{-t},\ y(0)=1$ (6) $y'(t)-2y(t)=4t^2,\ y(0)=0$
  (7) $y'(t)+y(t)=\sin 2t,\ y(0)=0$ (8) $y'(t)-2y(t)=5\cos t,\ y(0)=1$

29 次の $y=y(t)$ に関する微分方程式の初期値問題を解け． ◀教問 3.17

  (1) $y''(t)+y(t)=0,\quad y(0)=-2,\ y'(0)=1$
  (2) $y''(t)-2y'(t)+5y(t)=0,\quad y(0)=2,\ y'(0)=4$
  (3) $y''(t)-5y'(t)+4y(t)=0,\quad y(0)=3,\ y'(0)=6$
  (4) $y''(t)-4y'(t)+3y(t)=4e^{-t},\ y(0)=0,\ y'(0)=1$
  (5) $y''(t)-2y'(t)+y(t)=3e^t,\quad y(0)=1,\ y'(0)=-1$
  (6) $y''(t)+6y'(t)+9y(t)=6t^2e^{-3t},\ y(0)=2,\ y'(0)=0$

30 次の $y=y(t)$ に関する微分方程式の初期値問題を解け． ◀教問 3.17

  (1) $y''(t)-y(t)=8te^t,\quad y(0)=y'(0)=0$
  (2) $y''(t)-y'(t)-2y(t)=9te^{-t},\quad y(0)=y'(0)=0$
  (3) $y''(t)-2y'(t)+y(t)=te^{2t},\quad y(0)=0,\ y'(0)=1$
  (4) $y''(t)-2y'(t)+y(t)=4te^{-t},\quad y(0)=-1,\ y'(0)=1$
  (5) $y''(t)-3y'(t)+2y(t)=5\sin t,\quad y(0)=y'(0)=0$
  (6) $y''(t)-4y'(t)+4y(t)=4\sin 2t,\quad y(0)=y'(0)=0$

31 次の $y=y(t)$ に関する微分方程式の一般解を求めよ． ◀教問 3.18

  (1) $y'(t)+y(t)=2e^{3t}$ (2) $y'(t)-4y(t)=7e^{-3t}$
  (3) $y'(t)+3y(t)=4te^{-t}$ (4) $y'(t)+2y(t)=3t^2e^{-2t}$
  (5) $y'(t)-y(t)=5\sin 2t$ (6) $y'(t)-3y(t)=5e^t\cos t$

32 次の $y=y(t)$ に関する微分方程式の一般解を求めよ． ◀教問 3.18

  (1) $y''(t)-y'(t)-6y(t)=5e^{2t}$ (2) $y''(t)+4y(t)=8e^{2t}$
  (3) $y''(t)-5y'(t)+4y(t)=3e^t$ (4) $y''(t)+4y'(t)+4y(t)=e^{-2t}$
  (5) $y''(t)-2y'(t)+2y(t)=2t$ (6) $y''(t)-y'(t)-2y(t)=4t^2$
  (7) $y''(t)-4y'(t)+3y(t)=5\cos t$ (8) $y''(t)-3y'(t)+2y(t)=2e^t\cos t$

3.2 ラプラス変換の応用

33 次の $y = y(t)$ に関する微分方程式の初期値問題を解け. ◀教問 3.19
(1) $y'''(t) + y''(t) - 2y'(t) = 0$, $y(0) = 2$, $y'(0) = -1$, $y''(0) = 1$
(2) $y''' - 2y''(t) - y'(t) + 2y(t) = 0$, $y(0) = 3$, $y'(0) = -1$, $y''(0) = 0$
(3) $y''' - 2y''(t) + y'(t) - 2y(t) = 0$, $y(0) = 1$, $y'(0) = 0$, $y''(0) = 1$
(4) $y''' - y''(t) - 4y'(t) + 4y(t) = 6e^t$, $y(0) = y'(0) = y''(0) = 0$
(5) $y''' - 4y''(t) + 5y'(t) - 2y(t) = 2e^{2t}$, $y(0) = y'(0) = y''(0) = 0$
(6) $y^{(4)} - 3y'''(t) + 2y''(t) = e^{2t}$, $y(0) = y'(0) = y''(0) = y'''(0) = 0$

34 次の $y = y(t)$ に関する微分方程式の一般解を求めよ. ◀教問 3.20
(1) $y'''(t) - 7y'(t) + 6y(t) = 2e^{3t}$
(2) $y'''(t) + y''(t) - y'(t) - y(t) = 8te^{-t}$
(3) $y'''(t) - 3y''(t) + 3y'(t) - y(t) = 4\sin t$
(4) $y^{(4)} - 4y'''(t) + 5y''(t) - 4y'(t) + 4y(t) = 0$
(5) $y^{(6)} + 2y^{(5)}(t) + y^{(4)} = 4e^t$
(6) $y^{(4)} - 2y'''(t) - 2y''(t) + 8y(t) = 3t$

35 $x = x(t)$, $y = y(t)$ に関する次の連立微分方程式を解け. ◀教問 3.21

(1) $\begin{cases} \dfrac{dx}{dt} = -3x + 2y \\ \dfrac{dy}{dt} = 3x + 2y \end{cases}$, $x(0) = 1$, $y(0) = -2$

(2) $\begin{cases} \dfrac{dx}{dt} = x + y \\ \dfrac{dy}{dt} = -x + 3y \end{cases}$, $x(0) = 0$, $y(0) = 1$

36 以下の問いに答えよ. ◀教問 3.23
(1) 畳込みの定義にしたがい, $(4t) * e^{2t}$ を求めよ.
(2) 畳込みのラプラス変換の公式を用いて $(4t) * e^{2t}$ を求めよ.

37 次の畳込みを求めよ. ◀教問 3.24
(1) $1 * t$ (2) $t * (3t^2)$ (3) $e^{2t} * te^{2t}$
(4) $(4e^t) * e^{-3t}$ (5) $(t^2 e^2) * (3e^{-t})$ (6) $(2e^{-t}) * \sin t$
(7) $(5te^t) * (e^{2t}\cos t)$ (8) $t^2 * \sin 2t$ (9) $te^{2t} * (3t)$

38 次の $y = y(t)$ に関する積分方程式を解け.

(1) $\displaystyle\int_0^t y(\tau)e^{3(t-\tau)}d\tau = e^{-t}\sin 2t$

(2) $y(t) + \displaystyle\int_0^t y(\tau)e^{3(t-\tau)}d\tau = \cos t$

B

例題 3.3 以下の変数係数線形微分方程式の初期値問題を解け.
$$y(t) - ty'(t) = 2, \quad y(0) = 2, \ y'(0) = 1$$

解 **Step 1.** $\mathscr{L}[y(t)] = Y(s)$ とおき,微分方程式をラプラス変換すると
$$Y(s) - \left\{-\frac{d}{ds}(sY(s) - y(0))\right\} = \frac{2}{s}$$
となる.これより $Y(s) + Y(s) + sY'(s) = \dfrac{2}{s}$ となり,整理すると次をえる.
$$Y'(s) + \frac{2}{s}Y(s) = \frac{2}{s^2} \quad \cdots ①$$

Step 2. ①は1階線形微分方程式なので両辺に
$$e^{\int \frac{2}{s}ds} = e^{2\log s} = e^{\log s^2} = s^2$$
を掛けると
$$s^2 Y'(s) + 2sY(s) = 2$$
となり,$s^2 Y'(s) + 2sY(s) = (s^2 Y(s))'$ より
$$(s^2 Y(s))' = 2 \iff s^2 Y(s) = 2s + C$$
となるので
$$Y(s) = \frac{2}{s} + \frac{C}{s^2}$$

Step 3. $y(t) = \mathscr{L}^{-1}[Y(s)]$ より
$$y(t) = \mathscr{L}^{-1}[Y(s)] = \mathscr{L}^{-1}\left[\frac{2}{s} + \frac{C}{s^2}\right]$$
$$= 2 + Ct$$
となる.ここで $y'(0) = C = 1$ より $y(t) = 2 + t$

3.2 ラプラス変換の応用

例題 3.4 2変数関数 $u(x,t)$ がある領域 D で**有界**であるとは，ある定数 M が存在して，領域 D の任意の点 (x,t) に対して $|u(x,t)| \leqq M$ となることである．ここで $u(x,t)$ に対し，t に関して次のラプラス変換を考える．

$$U(x,s) = \mathscr{L}[u(x,t)] = \int_0^\infty u(x,t)e^{-st}\,dt$$

このとき $u(x,t)$ が定義域で有界であれば，$s \geqq 1$ のとき $U(x,s)$ は有界であることを示せ．

解 $u(x,t)$ が有界であるので，ある定数 M が存在して，$|u(x,t)| \leqq M$ となる．

$$\begin{aligned}
|U(x,s)| &= \left|\int_0^\infty u(x,t)e^{-st}dt\right| \\
&\leqq \int_0^\infty |u(x,t)e^{-st}|dt \\
&\leqq M\int_0^\infty e^{-st}dt = M\lim_{n\to\infty}\int_0^n e^{-st}dt \\
&= M\lim_{n\to\infty}\left[-\frac{1}{s}e^{-st}\right]_0^n \\
&= \frac{M}{s}\lim_{n\to\infty}\left(1-e^{-sn}\right) = \frac{M}{s} \quad (\because\ s>0) \\
&\leqq M \quad (\because\ s\geqq 1)
\end{aligned}$$

ゆえに，$s \geqq 1$ であるとき，$U(x,s)$ は有界である． ■

例題 3.5 定義域において有界かつ連続な $u(x,t)$ に対して，次の条件を満たす $u(x,t)$ を求めよ．

$$\begin{cases} \dfrac{\partial u(x,t)}{\partial x} = \dfrac{\partial u(x,t)}{\partial t} + 2u(x,t) & (0 < x < \infty,\ t > 0) \quad \cdots ① \\ u(x,0) = 3e^{-4x} & (0 \leqq x < \infty) \quad \cdots ② \end{cases}$$

解くまえに ①のように偏導関数を含む方程式を**偏微分方程式**という．この偏微分方程式を満たす関数 $u(x,t)$ を**解**という．解を求めることを**解く**という．これより，この問題は①の解で②を満たすものを求める，ということである．

解 **Step 1.** $u(x,t)$ の t に関するラプラス変換を $U(x,s)$ とおく．すなわち

$$U(x,s) = \mathscr{L}[u(x,t)] = \int_0^\infty u(x,t)e^{-st}\,dt$$

このとき①の両辺を t に関してラプラス変換すると

$$\frac{\partial}{\partial x}U(x,s) = sU(x,s) - u(x,0) + 2U(x,s)$$

となるので，②より $u(x,0) = 3e^{-4x}$ を代入して整理をすると

$$\frac{\partial}{\partial x}U(x,s) - (s+2)U(x,s) = -3e^{-4x} \quad \cdots \text{③}$$

Step 2. s は定数扱いされていることに注意すると③は x に関する1階線形微分方程式である．これより，両辺に $e^{-\int(s+2)dx} = e^{-(s+2)x}$ を乗じると

$$e^{-(s+2)x}\left(\frac{\partial}{\partial x}U(x,s)\right) - (s+2)e^{-(s+2)x}U(x,s) = \left(e^{-(s+2)x}U(x,s)\right)'$$

より次式がえられる．

$$\left(e^{-(s+2)x}U(x,s)\right)' = -3e^{-4x}e^{-(s+2)x}$$

これより

$$e^{-(s+2)x}U(x,s) = -3\int e^{-(s+6)x}dx$$

$$= \frac{3}{s+6}e^{-(s+6)x} + C(s)$$

$$\therefore \quad U(x,s) = \frac{3}{s+6}e^{-4x} + C(s)e^{(s+2)x}$$

Step 3. ここで，$s \geqq 1$ であるとき，$U(x,s)$ は有界である必要があるので，必然的に $C(s) = 0$ となり

$$U(x,s) = \frac{3}{s+6}e^{-4x}$$

この結果

$$u(x,t) = \mathscr{L}^{-1}[U(x,s)] = \mathscr{L}^{-1}\left[\frac{3}{s+6}e^{-4x}\right]$$

$$= e^{-4x}\mathscr{L}^{-1}\left[\frac{3}{s+6}\right] = e^{-4x}(3e^{-6t}) = 3e^{-(4x+6t)}$$

$$\therefore \quad u(x,t) = 3e^{-2(2x+3t)} \qquad \blacksquare$$

3.2 ラプラス変換の応用

例題 3.6 次の①, ②を満たす $\delta(t)$ が存在するとき，以下の問いに答えよ．

$$\delta(t) = \begin{cases} \infty & (t=0) \\ 0 & (t \neq 0) \end{cases} \quad \cdots ①$$

$$\int_{-\infty}^{\infty} \delta(t)\, dt = 1 \quad \cdots ②$$

(1) $f(t)$ を連続関数としたとき，$\displaystyle\int_{-\infty}^{\infty} f(t)\delta(t-a)\, dt = f(a)$ を示せ．

(2) $\mathscr{L}[\delta(t-a)] = e^{-as}$，特に $\mathscr{L}[\delta(t)] = 1$ を示せ．

(3) $\delta(t) * f(t) = f(t) * \delta(t) = f(t)$ を示せ．

■**注意** $\delta(t)$ を**デルタ関数**という．

🔍 **解くまえに** ∞ は実数ではないので $\delta(t)$ は当然，通常の意味での関数ではない．デルタ関数 $\delta(t)$ は"関数のようなもの"であり，**超関数**とよばれている．$\delta(t)$ は次の関数 $\delta_n(t)$ の極限として考えることができる．

$$\delta_n(t) = \begin{cases} n & \left(|t| \leqq \dfrac{1}{2n}\right) \\ 0 & \left(|t| > \dfrac{1}{2n}\right) \end{cases}$$

実際，$\displaystyle\lim_{n \to \infty} \delta_n(t)$ は①を満たし，また $\displaystyle\int_{-\infty}^{\infty} \delta_n(t)\, dt = \int_{-\frac{1}{2n}}^{\frac{1}{2n}} n\, dt = 1$ から

$$\lim_{n \to \infty} \int_{-\infty}^{\infty} \delta_n(t)\, dt = 1$$

となり②も満たす．これより $\delta(t)$ は $\delta_n(t)$ を $n \to \infty$ としたときの極限と考えることができる．

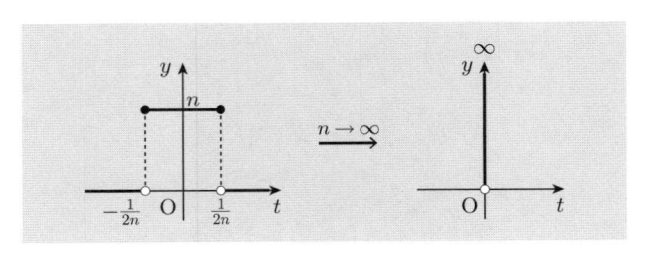

解 (1) $\int_{-\infty}^{\infty} \delta(t-a)\,dt = 1$ に注意すると $\int_{-\infty}^{\infty} f(a)\delta(t-a)\,dt = f(a)$ より

$$\Delta = \left|\int_{-\infty}^{\infty} f(t)\delta(t-a)\,dt - f(a)\right|$$

$$= \left|\int_{-\infty}^{\infty} f(t)\delta(t-a)\,dt - \int_{-\infty}^{\infty} f(a)\delta(t-a)\,dt\right|$$

$$= \left|\int_{-\infty}^{\infty} (f(t)-f(a))\delta(t-a)\,dt\right|$$

ここで任意の $\varepsilon > 0$ に対して

$$\Delta = \left|\int_{a-\varepsilon}^{a+\varepsilon} (f(t)-f(a))\delta(t-a)\,dt\right|$$

$$\leqq \left|\int_{a-\varepsilon}^{a+\varepsilon} M_\varepsilon \delta(t-a)\,dt\right| \quad (M_\varepsilon = \max\{|f(t)-f(a)| \mid a-\varepsilon \leqq t \leqq a+\varepsilon\})$$

$$= M_\varepsilon \left|\int_{a-\varepsilon}^{a+\varepsilon} \delta(t-a)\,dt\right|$$

$$= M_\varepsilon \to 0 \quad (\varepsilon \to 0)$$

$$\therefore \quad \int_{-\infty}^{\infty} f(t)\delta(t-a)\,dt = f(a)$$

(2) (1) の結果より

$$\mathscr{L}[\delta(t-a)] = \int_{-\infty}^{\infty} \delta(t-a)e^{-st}\,dt$$

$$= e^{-sa}$$

(3) $F(s) = \mathscr{L}[f(t)]$ とおくと

$$\mathscr{L}[\delta(t) * f(t)] = 1 \cdot F(s)$$

$$= F(s)$$

より

$$\delta(t) * f(t) = \mathscr{L}^{-1}[F(s)]$$

$$= f(t)$$

となる．同様にして，$f(t) * \delta(t) = f(t)$ も示される．　■

例題 3.7

非斉次定数係数微分方程式（a, b は実数）

$$y''(t) + ay'(t) + by(t) = x(t) \quad (y(0) = y'(0) = 0) \quad \cdots ①$$

は関数 $x(t)$ に対応して，解 $y(t)$ が変化する．このとき $x(t)$ から $y(t)$ への対応を①を**線形システム**といい，$x(t)$ を**入力**，$y(t)$ を**出力**という．$Y(s) = \mathscr{L}[y(t)]$，$X(s) = \mathscr{L}[x(t)]$ とおくとき，以下の問いに答えよ．

(1) $F(s) = \dfrac{Y(s)}{X(s)}$ とおくとき，$F(s)$ を求めよ．この $F(s)$ を**伝達関数**という．

(2) $f(t) = \mathscr{L}^{-1}[F(s)]$ とおくとき，出力 $y(t)$ を畳込みで表せ．

(3) $x(t) = \delta(t)$ のときの出力 $y(t)$ を求めよ（入力が $\delta(t)$ のときの出力 $y(t)$ を**インパルス応答**という）．

(4) $x(t) = U(t)$ のときの出力 $y(t)$ を求めよ（入力が $U(t)$ のときの出力 $y(t)$ を**単位ステップ応答**という）．

解くまえに $F(s) = \dfrac{Y(s)}{X(s)}$ より $Y(s) = F(s)X(s)$ である．これより $F(s)$ は入力 $x(t)$ のラプラス変換 $X(s)$ に出力 $y(t)$ のラプラス変換 $Y(s)$ の対応を伝達しているので伝達関数という．

解 (1) ①の両辺をラプラス変換すると

$$(s^2 + as + b)Y(s) = X(s) \quad \text{より} \quad F(s) = \frac{Y(s)}{X(s)} = \frac{1}{s^2 + as + b}$$

(2) $Y(s) = F(s)X(s)$ より

$$y(t) = \mathscr{L}^{-1}[Y(s)]$$
$$= \mathscr{L}^{-1}[F(s)X(s)] = f(t) * x(t)$$

(3) $x(t) = \delta(t)$ より，$y(t) = f(t) * \delta(t)$ となる．ここで $f(t) * \delta(t) = f(t)$ であることに注意すると $y(t) = f(t)$

(4) $x(t) = U(t)$ より，$y(t) = f(t) * U(t)$ となる．ここで $Y(s) = \dfrac{F(s)}{s}$ であるので

$$y(t) = \mathscr{L}^{-1}\left[\frac{F(s)}{s}\right] = \int_0^t f(\tau)\, d\tau \qquad \blacksquare$$

第3章 ラプラス変換

39 次の $y=y(t)$ に関する微分方程式の境界値問題を解け.
(1) $y''(t)+y(t)=1, \quad y(0)=2, \ y\left(\dfrac{\pi}{2}\right)=-1$
(2) $y''(t)+y(t)=2t^2+1, \quad y(0)=1, \ y\left(\dfrac{\pi}{2}\right)=-3$
(3) $y''(t)-y'(t)-2y(t)=0, \quad y(0)=0, \ y(1)=1$

40 次の $y=y(t)$ に関する変数係数線形微分方程式の初期値問題を解け.
(1) $y(t)-ty'(t)=2t^2+1, \quad y(0)=y'(0)=1$
(2) $y(t)-ty'(t)=2t^3+1, \quad y(0)=1, \ y'(0)=4$
(3) $y(t)-ty'(t)=-t^3+2t^2-1, \quad y(0)=-1, \ y'(0)=2$

41 次の $y=y(t)$ に関する微分積分方程式を解け.
(1) $y'(t)-3y(t)+2\displaystyle\int_0^t y(\tau)\,d\tau = e^{-t}, \quad y(0)=0$
(2) $y'(t)-4y(t)+4\displaystyle\int_0^t y(\tau)\,d\tau = e^{3t}, \quad y(0)=1$
(3) $y'(t)-4y(t)+3\displaystyle\int_0^t y(\tau)\,d\tau = \sin t, \quad y(0)=0$
(4) $y'(t)-\cos 2t + \displaystyle\int_0^t y(\tau)\,d\tau = 0, \quad y(0)=0$

42 定義域において有界かつ連続な $u(x,t)$ に対して,次の条件を満たす $u(x,t)$ を求めよ.
$$\begin{cases} \dfrac{\partial u(x,t)}{\partial x} = 3\dfrac{\partial u(x,t)}{\partial t} + 4u(x,t) & (0<x<\infty,\ t>0) \\ u(x,0)=5e^{-2x} & (0\leqq x<\infty) \end{cases}$$

43 定義域において有界かつ連続な $u(x,t)$ に対して,次の条件を満たす $u(x,t)$ を求めよ.
$$\begin{cases} \dfrac{\partial u(x,t)}{\partial x} = 2\dfrac{\partial u(x,t)}{\partial t} + 5u(x,t) & (0<x<\infty,\ t>0) \\ u(x,0)=2e^{-3x} & (0\leqq x<\infty) \end{cases}$$

44 次の広義積分の値を求めよ．

(1) $\displaystyle\int_{-\infty}^{\infty} t^2\,\delta(t-3)\,dt$

(2) $\displaystyle\int_{-\infty}^{\infty} \sin t\,\delta\left(t-\frac{\pi}{4}\right)\,dt$

(3) $\displaystyle\int_{0}^{\infty} \cos 2t\,\delta\left(t-\frac{\pi}{2}\right)\,dt$

(4) $\displaystyle\int_{0}^{\infty} e^{-2t}\,\delta(t-1)\,dt$

45 次の線形システムについて，以下の問いに答えよ．

$$y''(t) - 2y'(t) - 15y(t) = x(t) \quad (y(0) = y'(0) = 0)$$

(1) 伝達関数を求めよ．
(2) インパルス応答 $y(t)$ を求めよ．
(3) 単位ステップ応答 $y(t)$ を求めよ．
(4) $x(t) = e^{2t}$ のときの出力 $y(t)$ を求めよ．

46 次の線形システムについて，以下の問いに答えよ．

$$y''(t) - 6y'(t) + 9y(t) = x(t) \quad (y(0) = y'(0) = 0)$$

(1) 伝達関数を求めよ．
(2) インパルス応答 $y(t)$ を求めよ．
(3) 単位ステップ応答 $y(t)$ を求めよ．
(4) $x(t) = 4te^t$ のときの出力 $y(t)$ を求めよ．

47 次の線形システムについて，以下の問いに答えよ．

$$y''(t) - 8y'(t) + 17y(t) = x(t) \quad (y(0) = y'(0) = 0)$$

(1) 伝達関数を求めよ．
(2) インパルス応答 $y(t)$ を求めよ．
(3) 単位ステップ応答 $y(t)$ を求めよ．
(4) $x(t) = 17t$ のときの出力 $y(t)$ を求めよ．

C 発展問題

48 関数 $f(t)$ $(t>0)$ のラプラス変換は $F(s) = \int_0^\infty f(t)e^{-st}\,dt$ で与えられる．このとき，次の関数のラプラス変換を求めよ．ただし $a>0$ とし，λ, b は実数とする．　　　　　　　　　　　　　　　（東京大学 院（改題））

(1) $\varphi(t) = e^{\lambda t} f''(t)$

(2) $\psi(t) = f(at-b)\, U\left(t - \dfrac{b}{a}\right)$

49 $f(t) = \displaystyle\int_0^\infty \dfrac{\sin^2 tx}{x^2}\,dx$ $(t>0)$ とするとき，以下の問いに答えよ．

(1) $f(t)$ のラプラス変換を求めよ．

(2) $\displaystyle\int_0^\infty \dfrac{\sin^2 ax}{x^2}\,dx$ $(a>0)$ を求めよ．

50 $\displaystyle\int_0^\infty \dfrac{\sin t}{t}\,dt$ の値を求めよ．

51 次の $y=y(t)$ に関する微分方程式の初期値問題を解け．

$$y'' - 2y' + y = (3t+1)e^t, \quad y(0)=3,\ y'(0)=-2$$
　　　　　　　　　　　　　　　　　　　　　　　　（東京農工大学）

52 次の $y=y(t)$ に関する微分方程式の一般解を求めよ．

$$y' + ay = e^{-bt} + \cos ct$$

ただし a, b, c は実数であり，$a \neq b$, $c \neq 0$ とする．　（東京大学 院（改題））

53 次の $x=x(t)$ に関する 2 階微分方程式

$$\dfrac{d^2 x}{dt^2} + \omega^2 x = \sin \Omega t, \quad x(0)=x'(0)=0 \quad \cdots ①$$

について次の問いに答えよ．ただし ω と Ω は正の実数である．　（岩手大学）

(1) $\omega \neq \Omega$ のとき，①の解を求めよ．

(2) $\omega = \Omega$ のとき，①の解を求めよ．

54 次の $x=x(t)$ に関する微分方程式の初期値問題を解け．

$$x'' + 2\varepsilon x' + \omega^2 x = f(t), \quad x(0) = x'(0) = 0$$

ただし $0 < \varepsilon < \omega$ とする．　　　　　　　　　　　（東京大学 院（改題））

C 発展問題

55 関数 $f(t)$ $(t > 0)$ は連続であり，次の関数方程式を満たすとする．
$$f(t) = 1 + \int_0^t (\tau - t)f(\tau)\, d\tau \quad \cdots ①$$
このとき①を満たす $f(t)$ を求めよ． （類題　千葉大学）

56 次の関数方程式を満たす関数 $f(t)$ $(t > 0)$ を求めよ．
$$f'(t) + 2f(t) - 16\int_0^t f(t-\tau)\cos 4\tau\, d\tau + 2\sqrt{2}\sin\left(4t + \frac{\pi}{4}\right) = 0$$
$$f(0) = 1$$
ただし $f(0) = \lim_{t \to +0} f(t)$ とする． （類題　東北大学 院）

57 次の $y = y(t)$ に関する微分方程式を考える．
$$\frac{dy}{dt} + y = f(t), \quad y(0) = 0$$
$$f(t) = \begin{cases} 0 & (0 < t \leqq T) \\ 1 & (T < t \leqq 2T) \end{cases}, \quad f(t+2T) = f(t)$$
ここで $f(t)$ は周期 $2T$ (T は正の整数) の周期関数であることに注意する．このとき，n が十分大きい場合，定義域が $2nT < t \leqq 2(n+1)T$ の t に対して，$y(t)$ を $t - 2nT$ の関数として表せ． （類題　東京大学 院）

58 $u(x,t)$ を定義域において有界な連続関数とする．このとき次の条件を満たす偏微分方程式の解をラプラス変換を用いて求めよ．
$$\begin{cases} \dfrac{\partial u(x,t)}{\partial t} = \alpha^2 \dfrac{\partial^2 u(x,t)}{\partial x^2} & (-\infty < x < \infty,\ t > 0,\ \alpha > 0) \\ u(x,0) = \sin\beta x & (-\infty < x < \infty,\ \beta \neq 0) \end{cases}$$

59 2変数関数 $u(x,t)$ に対して，次の条件を満たす偏微分方程式の解をラプラス変換を用いて求めよ．ただし l は正の整数とする．
$$\begin{cases} \dfrac{\partial^2 u(x,t)}{\partial t^2} = \alpha^2 \dfrac{\partial^2 u(x,t)}{\partial x^2} + \sin\dfrac{\pi x}{l} & (0 < x < l,\ t > 0,\ \alpha > 0) \\ u(0,t) = u(l,t) = 0 & (t > 0) \\ u(x,0) = \dfrac{\partial}{\partial t}u(x,0) = 0 & (0 \leqq x \leqq l) \end{cases}$$

4 フーリエ解析

4.1 フーリエ級数

周期 2π の周期関数のフーリエ級数　　周期 2π の関数 $f(x)$ のフーリエ級数は

$$f(x) \sim \frac{a_0}{2} + \sum_{n=1}^{\infty}(a_n \cos nx + b_n \sin nx)$$

(級数が収束するとは限らないことと，収束したとしてもその値が $f(x)$ になるとは限らないため「=」ではなく「~」を用いている.)

ここで

$$a_n = \frac{1}{\pi}\int_{-\pi}^{\pi} f(x)\cos nx\, dx \quad (n=0,1,2,\ldots) \quad \left(a_0 = \frac{1}{\pi}\int_{-\pi}^{\pi} f(x)dx\right)$$

$$b_n = \frac{1}{\pi}\int_{-\pi}^{\pi} f(x)\sin nx\, dx \quad (n=1,2,3,\ldots)$$

一般の周期関数のフーリエ級数　　周期 $2L$ の関数 $f(x)$ のフーリエ級数は

$$f(x) \sim \frac{a_0}{2} + \sum_{n=1}^{\infty}\left(a_n \cos\frac{n\pi x}{L} + b_n \sin\frac{n\pi x}{L}\right)$$

と表される．ここで

$$a_n = \frac{1}{L}\int_{-L}^{L} f(x)\cos\frac{n\pi x}{L}dx \quad (n=0,1,2,\ldots)$$

$$b_n = \frac{1}{L}\int_{-L}^{L} f(x)\sin\frac{n\pi x}{L}dx \quad (n=1,2,3,\ldots)$$

フーリエ正弦級数　　$f(x)$ が周期 $2L$ の奇関数のとき，$a_n = 0\ (n=0,1,2,\ldots)$ となり

$$f(x) \sim \sum_{n=1}^{\infty} b_n \sin\frac{n\pi x}{L}, \quad b_n = \frac{2}{L}\int_0^L f(x)\sin\frac{n\pi x}{L}dx \quad (n=1,2,3,\ldots)$$

4.1 フーリエ級数

フーリエ余弦級数　$f(x)$ が周期 $2L$ の偶関数のとき，$b_n = 0$ $(n = 1, 2, 3, \dots)$ となり

$$f(x) \sim \frac{a_0}{2} + \sum_{n=1}^{\infty} a_n \cos \frac{n\pi x}{L}$$

$$a_n = \frac{2}{L} \int_0^L f(x) \cos \frac{n\pi x}{L} dx \quad (n = 0, 1, 2, \dots)$$

フーリエ級数の収束定理　区分的に滑らかな周期 $2L$ の関数 $f(x)$ のフーリエ級数

$$S(x) = \frac{a_0}{2} + \sum_{n=1}^{\infty} \left(a_n \cos \frac{n\pi x}{L} + b_n \sin \frac{n\pi x}{L} \right)$$

は $\dfrac{f(x-0) + f(x+0)}{2}$ に収束する．特に $f(x)$ が連続な点では $S(x)$ は $f(x)$ に収束する．

熱伝導方程式の解法　$u(x, t)$ に対する熱伝導方程式

$$\begin{cases} \dfrac{\partial u}{\partial t} = \dfrac{\partial^2 u}{\partial x^2} & (t > 0,\ 0 < x < \pi) \quad \cdots ① \\ u(0, t) = u(\pi, t) = 0 & (t \geqq 0) \quad\quad\quad\quad \cdots ② \ (\text{境界条件}) \\ u(x, 0) = f(x) & (0 \leqq x \leqq \pi) \quad\quad\quad \cdots ③ \ (\text{初期条件}) \end{cases}$$

$(f(0) = f(\pi) = 0)$

をフーリエ級数を用いて解くには $u(x, t)$ を x の関数として周期 2π の奇関数に拡張して考え，$u(x, t)$ の x についてのフーリエ展開を

$$u(x, t) = \sum_{n=1}^{\infty} b_n(t) \sin nx \quad \cdots ④$$

とする．これを方程式①に代入すると

$$b_n'(t) = -n^2 b_n(t) \quad (n = 1, 2, 3, \dots)$$

がえられ

$$b_n(t) = d_n e^{-n^2 t} \quad (n = 1, 2, \dots) \quad \cdots ⑤$$

⑤を④に代入して③の条件より解 $u(x, t)$ がえられる．

A

1 m, n を非負整数とするとき，次の定積分の値を求めよ． ◀教問 4.1

(1) $\displaystyle\int_{-\pi}^{\pi} \sin nx \sin mx \, dx$ (2) $\displaystyle\int_{-\pi}^{\pi} \sin nx \cos mx \, dx$

(3) $\displaystyle\int_{-\pi}^{\pi} \cos nx \cos mx \, dx$

2 次の関数のフーリエ級数を求めよ． ◀教問 4.2

(1) $f(x) = \begin{cases} -1 & (-\pi < x \leqq 0) \\ 0 & (0 < x \leqq \pi) \end{cases}$, $f(x + 2\pi) = f(x)$

(2) $f(x) = \begin{cases} \pi & (-\pi < x \leqq 0) \\ -\pi & (0 < x \leqq \pi) \end{cases}$, $f(x + 2\pi) = f(x)$

(3) $f(x) = \begin{cases} 2 & (-\pi < x \leqq 0) \\ -1 & (0 < x \leqq \pi) \end{cases}$, $f(x + 2\pi) = f(x)$

(4) $f(x) = \begin{cases} 0 & \left(-\pi < x \leqq \dfrac{\pi}{2}\right) \\ 1 & \left(\dfrac{\pi}{2} < x \leqq \pi\right) \end{cases}$, $f(x + 2\pi) = f(x)$

3 次の関数のフーリエ級数を求めよ． ◀教問 4.3

(1) $f(x) = \begin{cases} -1 & (-\pi < x \leqq 0) \\ x & (0 < x \leqq \pi) \end{cases}$, $f(x + 2\pi) = f(x)$

(2) $f(x) = \begin{cases} x & (-\pi < x \leqq 0) \\ -x & (0 < x \leqq \pi) \end{cases}$, $f(x + 2\pi) = f(x)$

(3) $f(x) = \pi^2 - x^2 \quad (-\pi \leqq x < \pi)$, $f(x + 2\pi) = f(x)$

4 次の関数のフーリエ級数を求めよ． ◀教問 4.4

(1) $f(x) = \begin{cases} -1 & (-1 < x \leqq 0) \\ 2 & (0 < x \leqq 1) \end{cases}$, $f(x + 2) = f(x)$

(2) $f(x) = \begin{cases} 1 & (-3 < x \leqq 0) \\ 0 & (0 < x \leqq 3) \end{cases}$, $f(x + 6) = f(x)$

4.1 フーリエ級数

5 次の関数のフーリエ級数を求めよ.　　　　　　　　　　　　◀教問 4.5

(1) $f(x) = (1+x)^2 \quad (-1 < x \leq 1), \quad f(x+2) = f(x)$

(2) $f(x) = \begin{cases} 1 & (-2 < x \leq 0) \\ x & (0 < x \leq 2) \end{cases}, \quad f(x+4) = f(x)$

6 次の問いに答えよ.　　　　　　　　　　　　　　　　　　◀教問 4.6

(1) $f(x) = \begin{cases} \pi + x & (-\pi < x \leq 0) \\ \pi - x & (0 < x \leq \pi) \end{cases}, \quad f(x+2\pi) = f(x)$

のフーリエ級数を利用して次の級数の値を求めよ.

$$\sum_{n=1}^{\infty} \frac{1}{(2n-1)^2}$$

(2) $f(x) = \begin{cases} 0 & (-\pi < x \leq 0) \\ x^2 & (0 < x \leq \pi) \end{cases}, \quad f(x+2\pi) = f(x)$

のフーリエ級数を利用して次の級数の値を求めよ.

$$\sum_{n=1}^{\infty} \frac{1}{n^2}$$

7 $u = u(x,t)$ に対し，次の条件を満たす偏微分方程式の解を求めよ.

◀教問 4.7

(1) $\begin{cases} \dfrac{\partial u}{\partial t} = \dfrac{\partial^2 u}{\partial x^2} & (t > 0, \ 0 < x < \pi) & \cdots ① \\ u(0,t) = u(\pi,t) = 0 & (t \geq 0) & \cdots ② \\ u(x,0) = \sin 3x & (0 \leq x \leq \pi) & \cdots ③ \end{cases}$

(2) $\begin{cases} \dfrac{\partial u}{\partial t} = \dfrac{\partial^2 u}{\partial x^2} & (t > 0, \ 0 < x < \pi) & \cdots ① \\ u(0,t) = u(\pi,t) = 0 & (t \geq 0) & \cdots ② \\ u(x,0) = \begin{cases} \dfrac{2}{\pi}x & \left(0 \leq x < \dfrac{\pi}{2}\right) \\ 2 - \dfrac{2}{\pi}x & \left(\dfrac{\pi}{2} \leq x \leq \pi\right) \end{cases} & \cdots ③ \end{cases}$

B

例題 4.1 （リーマン–ルベーグの定理）$f(x)$ が閉区間 $[-\pi, \pi]$ において区分的に滑らかであるとする．このとき $f(x)$ のフーリエ係数 a_n, b_n は $n \to \infty$ のとき 0 に収束することを証明せよ．

解くまえに $f(x)$ は区分的に滑らかなので，有限個の点 $A_1, A_2, \ldots, A_m$ を除いて $f'(x)$ は連続であり，$\lim_{x \to A_j - 0} f'(x)$, $\lim_{x \to A_j + 0} f'(x)$ $(j = 1, 2, \ldots, m)$ が存在する．ゆえに各閉区間 $[A_{j-1}, A_j]$ $(j = 1, 2, \ldots, n)$ で $f'(x)$ は最大値をもつ（『微分積分』p.71 **最大値・最小値の定理**）．

したがって，$|f'(x)| \leqq M$ $(-\pi \leqq x \leqq \pi)$ を満たす実数 M が存在する．

証明 $f(x)$ の不連続点は有限個なので，それを B_j $(j = 1, 2, \ldots, l)$ とすると

$$n \geqq 1 \text{ のとき } a_n = \frac{1}{\pi} \int_{-\pi}^{\pi} f(x) \cos nx \, dx = \sum_{k=1}^{l+1} \frac{1}{\pi} \int_{B_{k-1}}^{B_k} f(x) \cos nx \, dx$$

$$(B_0 = -\pi, B_{l+1} = \pi)$$

$$= \sum_{k=1}^{l+1} \frac{1}{\pi} \left[f(x) \left(\frac{1}{n} \sin nx \right) \right]_{B_{k-1}+0}^{B_k-0} - \sum_{k=1}^{l+1} \frac{1}{\pi} \int_{B_{k-1}}^{B_k} f'(x) \left(\frac{1}{n} \sin nx \right) dx$$

ここで

$$\left| \sum_{k=1}^{l+1} \frac{1}{\pi} \int_{B_{k-1}}^{B_k} f'(x) \left(\frac{1}{n} \sin nx \right) dx \right| \leqq \sum_{k=1}^{l+1} \frac{1}{n\pi} \left| \int_{B_{k-1}}^{B_k} |f'(x)| \, |\sin nx| dx \right|$$

$$\leqq \sum_{k=1}^{l+1} \frac{1}{n\pi} \left| \int_{B_{k-1}}^{B_k} M \, dx \right| \leqq \frac{M}{n\pi} \int_{-\pi}^{\pi} \leqq \frac{2\pi M}{n} \text{ であり}$$

$$\left| \left[f(x) \left(\frac{1}{n} \sin nx \right) \right]_{B_{k-1}+0}^{B_k-0} \right|$$

$$\leqq \frac{1}{n} \{ |f(B_k - 0)| \, |\sin n(B_k - 0)| + |f(B_{k-1} + 0)| \, |\sin n(B_{k-1} + 0)| \}$$

$$\leqq \frac{1}{n} \{ |f(B_k - 0)| + |f(B_{k-1} + 0)| \} \text{ なので，} |f(B_0 \pm 0)|, \ldots, |f(B_{l+1} \pm 0)|$$

の最大値を N とすると $|a_n| \leqq \dfrac{2(l+1)N}{n} + \dfrac{2\pi M}{n}$

これより $\lim_{n \to \infty} a_n = 0$ が示される．b_n についても同様．■

4.1 フーリエ級数

例題 4.2 $f(x)$ を区分的に連続な周期 2π の周期関数とし，$f(x)$ を近似する次の三角多項式を考える．

$$P_N(x) = \frac{A_0}{2} + \sum_{n=1}^{N}(A_n \cos nx + B_n \sin nx)$$

$P_N(x)$ の中で誤差 $\int_{-\pi}^{\pi}(f(x) - P_N(x))^2 \, dx$ を最小にするものは

$A_0 = a_0, A_1 = a_1, \ldots, A_N = a_N, \quad B_1 = b_1, B_2 = b_2, \ldots, B_N = b_N$

(a_n, b_n は $f(x)$ のフーリエ係数) であることを示し，

次の**ベッセルの不等式**が成り立つことを示せ．

$$\frac{a_0^2}{2} + \sum_{n=1}^{N}(a_n^2 + b_n^2) \leq \frac{1}{\pi}\int_{-\pi}^{\pi} f(x)^2 dx \qquad \text{(類題 大阪大学)}$$

▶ **解くまえに** 非負整数 m, n に対し $\int_{-\pi}^{\pi} \cos mx \cos nx \, dx = \begin{cases} 0 & (m \neq n) \\ \pi & (m = n) \end{cases}$,

$\int_{-\pi}^{\pi} \cos mx \sin nx \, dx = 0$ であり，自然数 m, n に対し

$\int_{-\pi}^{\pi} \sin mx \sin nx \, dx = \begin{cases} 0 & (m \neq n) \\ \pi & (m = n) \end{cases}$ であることを利用する．

解 $\int_{-\pi}^{\pi}(f(x) - P_N(x))^2 \, dx = \int_{-\pi}^{\pi}\left(f(x)^2 - 2f(x)P_N(x) + P_N(x)^2\right)dx$

$= \int_{-\pi}^{\pi} f(x)^2 dx - A_0 \int_{-\pi}^{\pi} f(x) dx - 2\sum_{n=1}^{N} A_n \int_{-\pi}^{\pi} f(x) \cos nx \, dx$

$- 2\sum_{n=1}^{N} B_n \int_{-\pi}^{\pi} f(x) \sin nx \, dx + \pi \frac{A_0^2}{2} + \sum_{n=1}^{N} A_n^2 \int_{-\pi}^{\pi} \cos^2 nx \, dx$

$+ \sum_{n=1}^{N} B_n^2 \int_{-\pi}^{\pi} \sin^2 nx \, dx + A_0 \sum_{n=1}^{N} A_n \int_{-\pi}^{\pi} \cos nx \, dx + A_0 \sum_{n=1}^{N} B_n \int_{-\pi}^{\pi} \sin nx \, dx$

$+ \sum_{\substack{m \neq n \\ m \neq 0 \\ n \neq 0}} A_m A_n \int_{-\pi}^{\pi} \cos mx \cos nx \, dx + \sum_{\substack{m \neq n \\ m \neq 0 \\ n \neq 0}} A_m B_n \int_{-\pi}^{\pi} \cos mx \sin nx \, dx$

$+ \sum_{\substack{m \neq n \\ m \neq 0 \\ n \neq 0}} B_m B_n \int_{-\pi}^{\pi} \sin mx \sin nx \, dx$

$$= \int_{-\pi}^{\pi} f(x)^2 dx - A_0 \int_{-\pi}^{\pi} f(x) dx - 2 \sum_{n=1}^{N} A_n \int_{-\pi}^{\pi} f(x) \cos nx \, dx$$

$$- 2 \sum_{n=1}^{N} B_n \int_{-\pi}^{\pi} f(x) \sin nx \, dx + \pi \frac{A_0^2}{2} + \pi \sum_{n=1}^{N} A_n^2 + \pi \sum_{n=1}^{N} B_n^2$$

$$= \int_{-\pi}^{\pi} f(x)^2 dx - \pi A_0 a_0 - 2\pi \sum_{n=1}^{N} (A_n a_n + B_n b_n) + \pi \frac{A_0^2}{2} + \pi \sum_{n=1}^{N} (A_n^2 + B_n^2)$$

$$= \int_{-\pi}^{\pi} f(x)^2 dx + \frac{\pi}{2} (A_0 - a_0)^2 + \pi \sum_{n=1}^{N} (A_n - a_n)^2 + \pi \sum_{n=1}^{N} (B_n - b_n)^2$$

$$- \frac{\pi}{2} a_0^2 - \pi \sum_{n=1}^{N} (a_n^2 + b_n^2)$$

この式が最小となるのは $A_0 = a_0, A_n = a_n, B_n = b_n \ (n = 1, 2, \ldots, N)$ のときである.

$\int_{-\pi}^{\pi} (f(x) - P_N(x))^2 \, dx \geqq 0$ より

$$\int_{-\pi}^{\pi} f(x)^2 dx - \frac{\pi}{2} a_0^2 - \pi \sum_{n=1}^{N} (a_n^2 + b_n^2) \geqq 0$$

これより求める不等式がえられる. ∎

例題 4.3 $u = u(r, \theta)$ に対し
$$\begin{cases} \dfrac{\partial^2 u}{\partial r^2} + \dfrac{1}{r} \dfrac{\partial u}{\partial r} + \dfrac{1}{r^2} \dfrac{\partial^2 u}{\partial \theta^2} = 0 & (r > 1, 0 \leqq \theta < 2\pi) & \cdots ① \\ \lim_{r \to 1+0} u(r, \theta) = \cos 3\theta & (0 \leqq \theta < 2\pi) & \cdots ② \\ \lim_{r \to \infty} u(r, \theta) = 0 & (0 \leqq \theta < 2\pi) & \cdots ③ \end{cases}$$
を満たす解 $u(r, \theta)$ を以下の手順で求めよ. (類題 東京大学)

(1) ①の解として $u(r, \theta) = f(r)g(\theta)$ と表せるものを考える. これを①に代入し, 左辺が r のみの関数, 右辺が θ のみの関数であるような式を導け.

(2) ①が 2 次元領域 $r > 1, 0 \leqq \theta < 2\pi$ に対応する任意の (r, θ) に対して成立するためには, その両辺は r, θ によらない定数でなくてはならない. この定数を c として f の r に関する微分方程式と g の θ に関する微分方程式を導け.

4.1 フーリエ級数

(3) m を整数として $f(r) = r^m$ とおき，定数 c を m で表せ．次に，これを g の θ に関する微分方程式に代入し，①の解で，$f(r)g(\theta)$ の形のものを求めて $u_m(r, \theta)$ とおけ．

(4) d_m を定数として，①の解で $u(r, \theta) = \sum_m d_m u_m(r, \theta)$ の形の解を考え，それが境界条件②，③をみたすようにして求める解 $u(r, \theta)$ を定めよ．

解くまえに (1) のように $f(r)g(\theta)$ の形に直して偏微分方程式を解く方法を**変数分離法**という．方程式①は $\dfrac{\partial^2 u}{\partial r^2}, \dfrac{\partial^2 u}{\partial \theta^2}, \dfrac{\partial u}{\partial r}$ について 1 次式なので，(4) のような和も①の解となる（このような偏微分方程式を**線形**という）．これを**重ね合わせの原理**という．

解 (1) $u(r, \theta) = f(r)g(\theta)$ とすると，①は次のようになる．
$$f''(r)g(\theta) + \frac{1}{r}f'(r)g(\theta) + \frac{1}{r^2}f(r)g''(\theta) = 0$$
$\dfrac{1}{r^2}f(r)g''(\theta)$ を右辺に移項し，両辺を $\dfrac{f(r)g(\theta)}{r^2}$ で割って
$$r^2\frac{f''(r)}{f(r)} + r\frac{f'(r)}{f(r)} = -\frac{g''(\theta)}{g(\theta)}$$

(2) 左辺は r のみの関数，右辺は θ のみの関数だから，両辺は r, θ によらない定数である．その定数を c とおくと
$$r^2 f''(r) + r f'(r) = c f(r)$$
$$g''(\theta) = -c g(\theta)$$

(3) $f(r) = r^m$ として $f(r)$ の微分方程式に代入すると
$$m(m-1)r^m + m r^m = c r^m$$
となる．これより
$$c = m^2$$
$g''(\theta) = -c g(\theta)$ に代入して
$$g''(\theta) = -m^2 g(\theta)$$
この方程式は 2 階線形微分方程式であるから，第 1 章でみたように解は
$$g(\theta) = a_m \cos m\theta + b_m \sin m\theta$$

となる．ここで a_m, b_m は任意定数である．したがって，①の解を $u_m(r,\theta)$ とすれば
$$u_m(r,\theta) = r^m(a_m \cos m\theta + b_m \sin m\theta)$$

(4) $u_m(r,\theta) = r^m(a_m \cos m\theta + b_m \sin m\theta)$ より，境界条件③を満たすのは $m = -1, -2, -3, \ldots$ のときである．ここで $m = -n$ とおくと，重ね合わせの原理より
$$u(r,\theta) = \sum_{n=1}^{\infty} d_{-n} u_{-n}(r,\theta)$$
$$= \sum_{n=1}^{\infty} \frac{d_{-n}}{r^n} \{a_{-n} \cos(-n)\theta + b_{-n} \sin(-n)\theta\}$$

も①の解である．$A_n = d_{-n} a_{-n}, B_n = -d_{-n} b_{-n}$ とおけば
$$u(r,\theta) = \sum_{n=1}^{\infty} \frac{1}{r^n} (A_n \cos n\theta + B_n \sin n\theta)$$

$r = 1$ として境界条件②を用いると
$$\sum_{n=1}^{\infty} (A_n \cos n\theta + B_n \sin n\theta) = \cos 3\theta$$

より $A_3 = 1, A_n = 0 \ (n \neq 3), B_n = 0 \ (n = 1, 2, \ldots)$

以上より
$$u(r,\theta) = \frac{1}{r^3} \cos 3\theta \qquad \blacksquare$$

---

8 次の関数のフーリエ級数を求めよ．

(1) $f(x) = \begin{cases} 0 & (-\pi < x \leqq 0) \\ \sin x & (0 < x \leqq \pi) \end{cases}, \quad f(x+2\pi) = f(x)$

(2) $f(x) = e^x \quad (-1 < x \leqq 1), \qquad f(x+2) = f(x)$

9 $f(x)$ が周期 2π の区分的に滑らかな連続関数のとき，そのフーリエ係数 a_n, b_n について，次の級数が収束することを証明せよ．
$$\frac{|a_0|}{2} + \sum_{n=1}^{\infty} (|a_n| + |b_n|)$$

▶解くまえに　例題 4.1 および 4.2 を利用せよ．

10 閉区間 $[-\pi, \pi]$ で定義された関数 $s_1(x), s_2(x)$ が次の性質をもつとする．
$$\int_{-\pi}^{\pi} \{s_1(x)\}^2 dx = \int_{-\pi}^{\pi} \{s_2(x)\}^2 dx = 1$$
$$\int_{-\pi}^{\pi} s_1(x)s_2(x) dx = 0 \qquad \text{(類題 三重大学)}$$

(1) 定積分 $f(a,b) = \int_{-\pi}^{\pi} \{x - as_1(x) - bs_2(x)\}^2 dx$ を最小にする a, b を与える式を求めよ．

(2) 定積分 $\int_{-\pi}^{\pi} (x - a\sin x - b\sin 2x)^2 dx$ を最小にする a, b の値を求めよ．

11 閉区間 $[0, \pi]$ において
$$f(x) = x(\pi - x)$$
とする．これを次の3つの方法で区間 $(-\pi, \pi]$ 上の関数に拡張し，さらに $f(x + 2\pi) = f(x)$ で周期 2π の関数に拡張する．それぞれの場合に $f(x)$ のフーリエ級数を求めよ．

(1) 奇関数に拡張 (2) 偶関数に拡張

(3) $f(x) = 0 \ (-\pi < x \leqq 0)$

12 以下の問いに答えよ． (北海道大学)

(1) $f(x) = x$ を区間 $(-\pi, \pi]$ 上でフーリエ展開した結果が
$$2\sum_{n=1}^{\infty} (-1)^{n-1} \frac{\sin nx}{n}$$
となることを示せ．

(2) $-\pi \leqq a \leqq \pi$ を満たす任意の定数 a に対して x の閉区間 $[-\pi, \pi]$ において
$$x^2 = a^2 + 4\sum_{n=1}^{\infty} (-1)^n \frac{\cos nx - \cos na}{n^2}$$
が成立することを示せ．

(3) (2) の結果を用いて x の閉区間 $[-\pi, \pi]$ において
$$x^3 - \pi^2 x = 12 \sum_{n=1}^{\infty} (-1)^n \frac{\sin nx}{n^3}$$
を導け．

13 次の問いに答えよ. （類題 広島大学）

(1) 次の積分を計算せよ．ただし，n, m は自然数である．

$$\int_{-1}^{1} x \sin n\pi x \, dx$$

$$\int_{-1}^{1} \sin n\pi x \sin m\pi x \, dx$$

(2) 次の等式を示せ．

$$\int_{-1}^{1} \left\{ x - \sum_{k=1}^{n} \frac{2(-1)^{k-1}}{k\pi} \sin k\pi x \right\}^2 dx = \frac{2}{3} - \frac{4}{\pi^2} \sum_{k=1}^{n} \frac{1}{k^2}$$

14 自然数 m, k に対して

$$A_{m,k} = \int_{-\pi}^{\pi} \cos^m x \cos kx \, dx$$

$$A_{0,0} = 2\pi$$

とおく． （大阪大学）

(1) 任意の自然数 m, k に対して，以下の等式を示せ．

$$A_{m,k} = \frac{1}{1 + \frac{k}{m}} A_{m-1, k-1}$$

(2) 自然数 m が与えられたとき，$\cos^{2m-1} x$ のフーリエ級数が

$$\frac{a_0}{2} + \sum_{k=1}^{\infty} a_{2k-1} \cos(2k-1)x$$

の形で表されることを示し，フーリエ係数 a_{2m-1} を求めよ．

4.2 フーリエ変換

複素フーリエ級数 $f(x)$ を周期 $2l$ の周期関数とする. $f(x)$ の複素フーリエ級数は

$$f(x) \sim \sum_{n=-\infty}^{\infty} c_n e^{i\frac{n\pi x}{l}}$$

ただし $c_n = \dfrac{1}{2l}\displaystyle\int_{-l}^{l} f(x) e^{-i\frac{n\pi x}{l}}\,dx \quad (n=0, \pm 1, \pm 2, \dots)$

以下で扱う関数は $f(x), g(x)$ は任意の閉区間において区分的に滑らかで, $\displaystyle\int_{-\infty}^{\infty} |f(x)|\,dx < \infty$ を満たすと仮定する.

フーリエ変換 $F(\xi) = \mathcal{F}[f(x)] = \displaystyle\int_{-\infty}^{\infty} f(x) e^{-i\xi x}\,dx$ を, $f(x)$ の**フーリエ変換**という.

フーリエ逆変換 $G(x) = \mathcal{F}^{-1}[g(\xi)] = \dfrac{1}{2\pi}\displaystyle\int_{-\infty}^{\infty} g(\xi) e^{i\xi x}\,d\xi$ を, $g(\xi)$ の**逆フーリエ変換**という.

フーリエの積分公式 $\mathcal{F}^{-1}\left[\mathcal{F}[f(x)]\right] = \dfrac{f(x-0) + f(x+0)}{2}$ が成立する. 特に $f(x)$ が連続な点では

$$\mathcal{F}^{-1}\left[\mathcal{F}[f(x)]\right] = f(x)$$

フーリエ正弦変換 $f(x)$ が奇関数のとき

$$S(\xi) = 2\int_0^{\infty} f(x) \sin \xi x\,dx$$

を, $f(x)$ の**フーリエ正弦変換**という.

このとき, $\mathcal{F}[f(x)] = -iS(\xi)$ となり, フーリエの積分公式は

$$\frac{1}{\pi}\int_0^{\infty} S(\xi) \sin \xi x\,d\xi = \frac{f(x-0)+f(x+0)}{2}$$

と表される.

フーリエ余弦変換 $f(x)$ が偶関数のとき

$$C(\xi) = 2\int_0^\infty f(x)\cos\xi x\, dx$$

を，$f(x)$ の**フーリエ余弦変換**という．

このとき，$\mathcal{F}[f(x)] = C(\xi)$ となり，フーリエの積分公式は

$$\frac{1}{\pi}\int_0^\infty C(\xi)\cos\xi x\, d\xi = \frac{f(x-0)+f(x+0)}{2}$$

と表される．

フーリエ変換の公式 c_1, c_2 は複素数，a は実数とし，$F(\xi) = \mathcal{F}[f(x)], G(\xi) = \mathcal{F}[g(x)]$ とする．

(1) $\mathcal{F}[c_1 f(x) + c_2 g(x)] = c_1 F(\xi) + c_2 G(\xi)$

(2) $F(-\xi) = \overline{F(\xi)}$

(3) $\mathcal{F}[f(ax)] = \dfrac{1}{|a|}F\left(\dfrac{\xi}{a}\right) \quad (a \neq 0)$

(4) $\mathcal{F}[f(x-a)] = e^{-i\xi a}F(\xi)$

(5) $\mathcal{F}[e^{iax}f(x)] = F(\xi - a)$

(6) $\mathcal{F}[f'(x)] = i\xi F(\xi)$

(7) $F'(\xi) = \mathcal{F}[-ixf(x)]$

$$\mathcal{F}\left[e^{-ax^2}\right] = \sqrt{\frac{\pi}{a}}\, e^{-\frac{\xi^2}{4a}} \quad (a > 0)$$

および $\mathcal{F}^{-1}\left[e^{-b\xi^2}\right] = \dfrac{1}{2\sqrt{\pi b}}e^{-\frac{x^2}{4b}} \quad (b > 0)$

畳込み（合成積） 関数 $f(x), g(x)$ に対し

$$(f * g)(x) = \int_{-\infty}^\infty f(x-t)g(t)dt$$

を f と g の**畳込み**（または**合成積**）という．

(1) $f * g = g * f$

(2) $\mathcal{F}[(f*g)(x)] = \mathcal{F}[f(x)]\mathcal{F}[g(x)]$

無限領域における熱伝導方程式の解法

$u = u(x,t)$ に対し

$$\begin{cases} \dfrac{\partial u}{\partial t} = \dfrac{\partial^2 u}{\partial x^2} \quad (t>0,\ -\infty < x < \infty) & \cdots ① \\ \lim_{x \to -\infty} u(x,t) = \lim_{x \to \infty} u(x,t) = 0 \quad (t \geqq 0) & \cdots ② \\ u(x,0) = f(x) \quad (-\infty < x < \infty) & \cdots ③ \end{cases}$$

の解は $E(x,t) = \dfrac{1}{2\sqrt{\pi t}} e^{-\frac{x^2}{4t}}$ を用いて

$$u(x,t) = E(x,t) * f(x)$$

と表せる（畳込みは x についてとる）．$E(x,t)$ も①の解であり**基本解**という．

A

15 次の関数の複素フーリエ級数を求めよ． ◀教問 4.8

(1) $f(x) = \begin{cases} -1 & (-\pi < x \leqq 0) \\ 1 & (0 < x \leqq \pi) \end{cases}$, $f(x+2\pi) = f(x)$

(2) $f(x) = e^{-x} \quad (-1 < x \leqq 1), \quad f(x+2) = f(x)$

16 次の関数のフーリエ変換を求めよ． ◀教問 4.9

(1) $f(x) = \begin{cases} 1 - |x| & (|x| < 1) \\ 0 & (|x| \geqq 1) \end{cases}$

(2) $f(x) = \begin{cases} 2 - x^2 & (|x| < \sqrt{2}) \\ 0 & (|x| \geqq \sqrt{2}) \end{cases}$

(3) $f(x) = e^{-|x|}$

(4) $f(x) = \begin{cases} 0 & (x < 0) \\ e^{-x} & (x \geqq 0) \end{cases}$

17 次の関数のフーリエ余弦変換を求めよ.

(1) $f(x) = \begin{cases} \cos x & \left(|x| < \dfrac{\pi}{2}\right) \\ 0 & \left(|x| \geqq \dfrac{\pi}{2}\right) \end{cases}$

(2) $f(x) = \begin{cases} x^2 & (|x| < 1) \\ 0 & (|x| \geqq 1) \end{cases}$

18 次の関数のフーリエ正弦変換を求めよ.

(1) $f(x) = \begin{cases} \sin x & (|x| < \pi) \\ 0 & (|x| \geqq \pi) \end{cases}$

(2) $f(x) = \begin{cases} x & (|x| < 1) \\ 0 & (|x| \geqq 1) \end{cases}$

19 次の関数のフーリエ変換を求めよ.

(1) $f(x) = (x+1)e^{-x^2}$

(2) $f(x) = xe^{-2x^2}$

20 次の関数の逆フーリエ変換を求めよ.

(1) $F(\xi) = (\xi - 2)e^{-\xi^2}$

(2) $F(\xi) = \xi e^{-\frac{\xi^2}{4}}$

21 基本解 $E(x,t) = \dfrac{1}{2\sqrt{\pi t}} e^{-\frac{x^2}{4t}}$ が方程式

$$\frac{\partial E}{\partial t} = \frac{\partial^2 E}{\partial x^2} \quad (t > 0,\ -\infty < x < \infty)$$

を満たすことを示せ.

22 $u = u(x,t)$ に対し,次の条件を満たす偏微分方程式の解を求めよ.

$$\begin{cases} \dfrac{\partial u}{\partial t} = \dfrac{\partial^2 u}{\partial x^2} \quad (t > 0,\ -\infty < x < \infty) & \cdots ① \\ \lim_{x \to -\infty} u(x,t) = \lim_{x \to \infty} u(x,t) = 0 \quad (t \geqq 0) & \cdots ② \\ u(x,0) = e^{-\frac{x^2}{4}} \quad (-\infty < x < \infty) & \cdots ③ \end{cases}$$

4.2 フーリエ変換

例題 4.4 次の問いに答えよ. （類題　千葉大学）

(1) $f(x)$ のフーリエ変換を $F(\xi)$ とするとき，$F''(\xi)$ が関数 $-x^2 f(x)$ のフーリエ変換であることを示せ．

(2) 逆フーリエ変換が $f''(x)$ になる関数を $F(\xi)$ により表せ．

(3) 微分方程式
$$\frac{d^2 f(x)}{dx^2} - x^2 f(x) = -(2n+1)f(x)$$
$$\lim_{x \to -\infty} f(x) = \lim_{x \to \infty} f(x) = 0$$
の解 $f(x)$ のフーリエ変換 $F(\xi)$ が満たす微分方程式を導け．ただし，n は非負整数である．

解 (1) $F'(\xi) = \mathcal{F}[(-ix)f(x)]$ なので
$$F''(\xi) = (F'(\xi))'$$
$$= \mathcal{F}[(-ix)^2 f(x)]$$
$$= \mathcal{F}[-x^2 f(x)]$$

(2) $\mathcal{F}[f'(x)] = i\xi \mathcal{F}[f(x)]$ なので
$$\mathcal{F}[f''(x)] = i\xi \mathcal{F}[f'(x)]$$
$$= (i\xi)^2 \mathcal{F}[f(x)]$$
$$= -\xi^2 \mathcal{F}[f(x)]$$
$$= -\xi^2 F(\xi)$$

したがって，求める関数は $-\xi^2 F(\xi)$. すなわち
$$\mathcal{F}^{-1}[-\xi^2 F(\xi)] = f''(x)$$

(3) $F(\xi)$ の満たす方程式は
$$-\xi^2 F(\xi) + F''(\xi) = -(2n+1)F(\xi) \blacksquare$$

例題 4.5

$x^2 e^{-x^2} * e^{-\frac{x^2}{4}}$ を求めよ．

解 $\mathcal{F}[x^2 e^{-x^2} * e^{-\frac{x^2}{4}}] = \mathcal{F}[x^2 e^{-x^2}]\mathcal{F}[e^{-\frac{x^2}{4}}]$

前問 (1) より $\mathcal{F}[x^2 e^{-x^2}] = -\left(\mathcal{F}[e^{-x^2}]\right)'' = -\sqrt{\pi}\left(e^{-\frac{\xi^2}{4}}\right)''$

$= -\sqrt{\pi}\left(-\frac{\xi}{2}e^{-\frac{\xi^2}{4}}\right)' = -\sqrt{\pi}\left(-\frac{1}{2}e^{-\frac{\xi^2}{4}} + \frac{\xi^2}{4}e^{-\frac{\xi^2}{4}}\right)' = -\frac{\sqrt{\pi}}{4}(\xi^2 - 2)e^{-\frac{\xi^2}{4}}$

$\mathcal{F}[e^{-\frac{x^2}{4}}] = 2\sqrt{\pi}\,e^{-\xi^2}$ となるので，$\mathcal{F}[x^2 e^{-x^2} * e^{-\frac{x^2}{4}}] = -\frac{\pi}{2}(\xi^2 - 2)e^{-\frac{5}{4}\xi^2}$

前問 (2) より $\mathcal{F}^{-1}\left[-\frac{\pi}{2}\xi^2 e^{-\frac{5}{4}\xi^2}\right] = \mathcal{F}^{-1}\left[\frac{\pi}{2}(-\xi^2)e^{-\frac{5}{4}\xi^2}\right]$

$= \frac{\pi}{2}\left(\mathcal{F}^{-1}[e^{-\frac{5}{4}\xi^2}]\right)'' = \frac{\pi}{2}\left(\frac{1}{\sqrt{5\pi}}e^{-\frac{x^2}{5}}\right)'' = \frac{\sqrt{\pi}}{2\sqrt{5}}\left(-\frac{2}{5}xe^{-\frac{x^2}{5}}\right)'$

$= \frac{\sqrt{\pi}}{2\sqrt{5}}\left(-\frac{2}{5}e^{-\frac{x^2}{5}} + \frac{4}{25}x^2 e^{-\frac{x^2}{5}}\right) = \frac{\sqrt{\pi}(2x^2 - 5)}{25\sqrt{5}}e^{-\frac{x^2}{5}}$

また，$\mathcal{F}^{-1}\left[\pi e^{-\frac{5}{4}\xi^2}\right] = \sqrt{\frac{\pi}{5}}e^{-\frac{x^2}{5}}$ であるから

$x^2 e^{-x^2} * e^{-\frac{x^2}{4}} = \frac{\sqrt{\pi}(2x^2 - 5)}{25\sqrt{5}}e^{-\frac{x^2}{5}} + \sqrt{\frac{\pi}{5}}e^{-\frac{x^2}{5}} = \frac{2\sqrt{5\pi}(x^2 + 10)}{125}e^{-\frac{x^2}{5}}$ ∎

---

23 次の関数のフーリエ変換を求めよ．
 (1) $f(x) = x^2 e^{-x^2}$　　(2) $f(x) = e^{-x^2}\cos x$　　(3) $f(x) = e^{-x^2}\sin x$

24 次の関数の逆フーリエ変換を求めよ
 (1) $F(\xi) = \xi^2 e^{-\xi^2}$　　(2) $F(\xi) = e^{-\xi^2}\cos\xi$　　(3) $F(\xi) = e^{-\xi^2}\sin\xi$

25 $u = u(x, t)$ に対し，次の条件を満たす偏微分方程式の解を求めよ．

$$\begin{cases} \dfrac{\partial u}{\partial t} = \dfrac{\partial^2 u}{\partial x^2} & (t > 0,\ -\infty < x < \infty) & \cdots\text{①} \\ \lim_{x \to -\infty} u(x, t) = \lim_{x \to \infty} u(x, t) = 0 & (t \geqq 0) & \cdots\text{②} \\ u(x, 0) = x^2 e^{-\frac{x^2}{4}} & (-\infty < x < \infty) & \cdots\text{③} \end{cases}$$

C 発展問題

26 関数 $f(x)$ のフーリエ変換を

$$F(\xi) = \int_{-\infty}^{\infty} f(x) e^{-i\xi x} dx$$

とおく．以下の問いに答えよ． (九州大学)

(1) $f(x) = e^{-|x|}$ のフーリエ変換を求めよ．

(2) フーリエの積分公式を利用して，次の定積分を求めよ．

$$\int_0^{\infty} \frac{\cos u}{1 + u^2} du$$

27 $f(x)$ が周期 2π の周期関数で連続なときに，次の**フーリエ級数の平均収束定理**

$$\lim_{n \to \infty} \int_{-\pi}^{\pi} \{f(x) - S_n(x)\}^2 dx = 0$$

を利用して，**パーセバルの等式**

$$\frac{1}{\pi} \int_{-\pi}^{\pi} f(x)^2 dx = \frac{a_0^2}{2} + \sum_{n=1}^{\infty} \left(a_n^2 + b_n^2\right)$$

が成り立つことを示せ．ここで

$$S_n(x) = \frac{a_0}{2} + \sum_{k=1}^{n} (a_k \cos kx + b_k \sin kx)$$

であり，a_k, b_k は $f(x)$ のフーリエ係数である． (類題 東京大学)

▶解くまえに 例題 4.2 を利用せよ．

28 閉区間 $[-\pi, \pi]$ 上の関数 $f(x)$ を $f(x) = x \sin x$ と定義する．

(類題 大阪大学)

(1) $f(x)$ のフーリエ係数 a_n $(n = 0, 1, 2, \dots)$, b_n $(n = 1, 2, 3, \dots)$ を求めよ．

(2) (1) で求めた a_n に対して

$$\frac{a_0^2}{2} + \sum_{n=1}^{\infty} a_n^2 = \frac{\pi^2}{3} - \frac{1}{2}$$

が成り立つことを示せ．

29 関数 f を，実数上で定義された周期 1 の連続関数とする．この f に対して $\widehat{f}(k)$ を

$$\widehat{f}(k) = \int_0^1 e^{-2\pi i k t} f(t) dt$$

と定義する．このとき，複素数 z に対して

$$u(z) = \sum_{k=0}^{\infty} \widehat{f}(k) z^k + \sum_{k=-1}^{-\infty} \widehat{f}(k) \overline{z}^{-k}$$

とおく（$\overline{z}$ は z の共役複素数．『基礎数学』第 2 章参照）．　（類題　大阪大学）

(1) $|z| < 1$ のとき，$u(z)$ は絶対収束することを示せ．

(2) $u(z)$ は実数値関数で，$z = x + iy$ とするとき

$$\frac{\partial^2 u}{\partial x^2} + \frac{\partial^2 u}{\partial y^2} = 0$$

となることを示せ．

(3) 任意の r $(0 < r < 1)$ に対して，$z = re^{2\pi i \theta}$ とするとき

$$u(z) = \int_0^1 f(t) \frac{1 - r^2}{1 - 2r\cos(2\pi(\theta - t)) + r^2} dt$$

となることを示せ．

▶ 解くまえに　級数 $\sum_{n=0}^{\infty} a_n$ について，$\sum_{n=0}^{\infty} |a_n|$ が収束するとき，この級数は**絶対収束**するという．絶対収束する級数は収束する．また，べき級数 $f(x) = \sum_{n=0}^{\infty} a_n x^n$ は，$x = x_0$ において絶対収束すれば，$|x| < |x_0|$ を満たす任意の x に対し $f(x)$ は収束し，連続であり，項別微分可能である．すなわち

$$f'(x) = \sum_{n=1}^{\infty} n a_n x^{n-1}$$

が成立する．

5 複素解析

5.1 複素平面

複素数と複素平面 複素数 $z = x + iy$ (x, y は実数) に対し,
実部 $\mathrm{Re}(z) = x$, 虚部 $\mathrm{Im}(z) = y$
共役複素数 $\overline{z} = x - iy$, 絶対値 $|z| = \sqrt{x^2 + y^2}$

$$|z_1 z_2| = |z_1||z_2|, \quad \left|\frac{z_1}{z_2}\right| = \frac{|z_1|}{|z_2|}, \quad |z_1 + z_2| \leqq |z_1| + |z_2| \text{ (三角不等式)}$$

複素平面上の 2 点 z_1, z_2 ($z_1 = x_1 + y_1 i, z_2 = x_2 + y_2 i$) の距離は
$$|z_1 - z_2| = \sqrt{(x_1 - x_2)^2 + (y_1 - y_2)^2}$$

極形式 $z = r(\cos\theta + i\sin\theta) = re^{i\theta}$

$$x = r\cos\theta, \ y = r\sin\theta, \qquad r = |z|, \ \theta = \arg z$$

$$\arg z_1 z_2 = \arg z_1 + \arg z_2, \quad \arg \frac{z_1}{z_2} = \arg z_1 - \arg z_2$$

ド・モアブルの公式 $(\cos\theta + i\sin\theta)^n = \cos n\theta + i\sin n\theta$

$z = r(\cos\theta + i\sin\theta) = re^{i\theta}$ の **n 乗根** は

$$w_k = \sqrt[n]{r}\left\{\cos\left(\frac{\theta}{n} + \frac{2k\pi}{n}\right) + i\sin\left(\frac{\theta}{n} + \frac{2k\pi}{n}\right)\right\}$$

$$= \sqrt[n]{r}\, e^{\left(\frac{\theta}{n} + \frac{2k\pi}{n}\right)i} \qquad (k = 0, 1, 2, \ldots, n-1)$$

で与えられる.

A

1 次の複素数を $a + bi$ (a, b は実数) の形で表せ.

(1) $(5 + 2i)(4 + 3i)$ (2) $(2 + i)^3$ (3) $\dfrac{1}{3 + i} + \dfrac{2 + i}{1 + 3i}$

2 次の 2 点間の距離を求めよ．

(1) $\dfrac{1}{2}+i,\ \dfrac{5}{2}-i$ (2) $-3+3i,\ 4+4i$

3 次の方程式または不等式を満たす z の存在範囲を図示せよ．

(1) $|z-(1+i)|=1$ (2) $|z-1|\leqq 2$
(3) $\mathrm{Re}(z)=1$ (4) $\mathrm{Im}(z)<0$

4 次の複素数を極形式を求めよ．

(1) $1-\sqrt{3}\,i$ (2) $-5i$

5 ド・モアブルの公式を用いることにより次の 3 倍角の公式を証明せよ．
$$\sin 3\theta = 3\sin\theta - 4\sin^3\theta$$

6 ド・モアブルの公式を用いて次の複素数を $a+bi$（a,b は実数）の形で表せ．

(1) $\left(\cos\dfrac{\pi}{16}+i\sin\dfrac{\pi}{16}\right)^4$ (2) $\left(\cos\dfrac{2}{9}\pi-i\sin\dfrac{2}{9}\pi\right)^3$
(3) $(-1+i)^{12}$

7 次の値を求めよ．

(1) $z=1-\sqrt{3}\,i$ の 2 乗根
(2) $z=-8i$ の 3 乗根

8 次の方程式の解を求めよ．
$$z^4+z^3+z^2+z+1=0 \quad \text{（極形式の形で答えること）}$$

B

例題 5.1 次の三角不等式を証明せよ．
$$|z_1|+|z_2| \geqq |z_1+z_2|$$

解 $z_1=x_1+iy_1,\ z_2=x_2+iy_2$ とする．

$$(|z_1|+|z_2|)^2 - |z_1+z_2|^2$$
$$= (\sqrt{x_1^2+y_1^2}+\sqrt{x_2^2+y_2^2})^2 - \{(x_1+x_2)^2+(y_1+y_2)^2\}$$
$$= 2\sqrt{x_1^2+y_1^2}\sqrt{x_2^2+y_2^2} - 2(x_1x_2+y_1y_2) \quad \cdots ①$$

ここで $(x_1^2+y_1^2)(x_2^2+y_2^2) - (x_1x_2+y_1y_2)^2 = (x_1y_2-y_1x_2)^2 \geqq 0$ より

$$(x_1^2+y_1^2)(x_2^2+y_2^2) \geqq (x_1x_2+y_1y_2)^2$$
$$\therefore \quad \sqrt{x_1^2+y_1^2}\sqrt{x_2^2+y_2^2} \geqq |x_1x_2+y_1y_2|$$
$$\geqq x_1x_2+y_1y_2$$

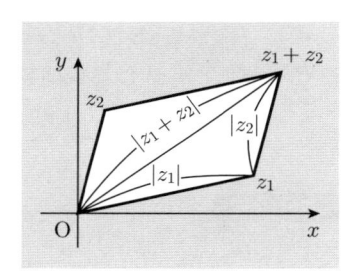

したがって ① $\geqq 0$ となり

$$(|z_1|+|z_2|)^2 - |z_1+z_2|^2 \geqq 0 \quad \therefore \quad (|z_1|+|z_2|)^2 \geqq |z_1+z_2|^2$$

以上より $|z_1|+|z_2| \geqq |z_1+z_2|$ ∎

---

9 例題 5.1 の不等式 $|z_1|+|z_2| \geqq |z_1+z_2|$ を用いて，$|z_1+z_2| \geqq |z_1|-|z_2|$ を証明せよ．

10 等式 $|z_1z_2| = |z_1||z_2|$ が成り立つことを次の方法で証明せよ．
(1) $z_1 = x_1+iy_1, z_2 = x_2+iy_2$ とする．
(2) $z_1 = r_1e^{\theta_1}, z_2 = r_2e^{\theta_2}$ とする．

11 次の関係が表す z 平面上の図形は何かを答えよ．
(1) $|z|^2 = 2(z+\bar{z})$ (2) $\mathrm{Re}\{(2+i)z\} = 1$
(3) $|z|+|z-2i| \leqq 3$ (4) $|z-2|-|z+2| = 3$

12 オイラーの公式を用いて次の等式が成り立つことを示せ．ただし $\cos\theta \neq 1$ とする．
(1) $\cos\theta + \cos 2\theta + \cdots + \cos n\theta = \dfrac{-1+\cos\theta+\cos n\theta-\cos(n+1)\theta}{2(1-\cos\theta)}$
(2) $\sin\theta + \sin 2\theta + \cdots + \sin n\theta = \dfrac{\sin\theta+\sin n\theta-\sin(n+1)\theta}{2(1-\cos\theta)}$

5.2 正則関数

複素関数 $w = f(z) = u(x,y) + iv(x,y)$ ($z = x + iy$, x, y は実数)

(1) $f(z)$ は $z = a$ で連続 $\iff \lim_{z \to a} f(z) = f(a)$

(2) $f(z)$ は連続関数 $\iff u(x,y), v(x,y)$ は連続関数

(3) $f(z), g(z)$ は連続関数

$\implies f(z) \pm g(z), f(z)g(z), \dfrac{f(z)}{g(z)}$ ($g(z) \neq 0$) は連続関数

微分公式

(1) $f'(a) = \lim_{z \to a} \dfrac{f(z) - f(a)}{z - a} = \lim_{\Delta z \to 0} \dfrac{f(a + \Delta z) - f(a)}{\Delta z}$ （**微分係数**）

(2) $(f \pm g)' = f' \pm g'$ （複号同順），$(cf)' = cf'$ （c は複素数）

(3) $(fg)' = f'g + fg'$, $\left(\dfrac{f}{g}\right)' = \dfrac{f'g - fg'}{g^2}$ （ただし $g(z) \neq 0$ とする）

(4) $\{f(g(z))\}' = f'(g(z))g'(z)$ （**合成関数の微分公式**）

正則関数

(1) $w = f(z)$ が領域 D で正則

$\iff w = f(z)$ が領域 D のすべての点で微分可能

(2) $f(z) = u(x,y) + iv(x,y)$ は正則 $\iff u_x = v_y, u_y = -v_x$

（**コーシー–リーマンの方程式**）

このとき $f'(z) = u_x + iv_x = v_y - iu_y$

指数関数 $e^z = e^x(\cos y + i \sin y)$, $(e^z)' = e^z$

$e^\alpha e^\beta = e^{\alpha + \beta}$, $(e^\alpha)^n = e^{n\alpha}$ （n は整数）

対数関数 $z \neq 0$ に対し $\log z = \text{Log}\,|z| + i \arg z$

（$\text{Log}\,r$ は真数 $r > 0$ に対する通常の自然対数）

$(\log z)' = \dfrac{1}{z}$

■注意 $\log z$ は多価関数であることに注意.

主値：$\text{Log}\,z = \text{Log}\,|z| + i \arg z$ （$-\pi < \arg z \leqq \pi$）

5.2 正則関数

三角関数 $\cos z = \dfrac{e^{iz} + e^{-iz}}{2}, \quad \sin z = \dfrac{e^{iz} - e^{-iz}}{2i}$

$(\cos z)' = -\sin z, \quad (\sin z)' = \cos z$

加法定理： $\cos(\alpha + \beta) = \cos\alpha\cos\beta - \sin\alpha\sin\beta$

$\sin(\alpha + \beta) = \sin\alpha\cos\beta + \cos\alpha\sin\beta$

A

13 次の複素関数について，定義域, $u = u(x,y), v = v(x,y)$ をそれぞれ求めよ． 教問 5.9

(1) $w = -iz^3$ (2) $w = \dfrac{1}{z-i}$

14 次の極限値を求めよ． 教問 5.10

(1) $\displaystyle\lim_{z \to 2-i} \dfrac{z+1}{z^2}$ (2) $\displaystyle\lim_{z \to -2i} \dfrac{(z+3)(z+2i)}{z^2+4}$

(3) $\displaystyle\lim_{z \to 1+3i} \dfrac{2(z-1-3i)}{z^2 - 2z + 10}$

15 次の関数が $z = 2i$ において連続となるように複素数 a を定めよ．

$f(z) = \dfrac{z^4 + 8z^2 + 16}{(z+2i)^2}$ ($z \neq -2i$ の場合), $\quad f(-2i) = a$ 教問 5.11

16 複素関数 $w = f(z) = 2z^2 + 3z$ の導関数を極限計算により求めよ． 教問 5.12

17 次の関数を微分せよ． 教問 5.13

(1) $w = 7z^2 - 2z + 4$ (2) $w = \dfrac{5z+2}{7z+1}$

(3) $w = (2z^2 + 5z + 1)(2z^2 + 5z + 3)$

18 次の関数の導関数と（ ）内の点 z における微分係数を求めよ． 教問 5.14

(1) $w = 7z^2 + 2z + 1 \quad (z = 2 + 3i)$ (2) $w = \dfrac{2z+1}{3z+1} \quad (z = -1+i)$

19 次の関数が正則であることを示し，導関数を求めよ． ◀教問 5.15
$$w = (2xy + 5y + 1) + i(-x^2 + y^2 - 5x)$$

20 次の関数が正則関数であるかどうかを判定し，正則である場合は導関数を求めよ． ◀教問 5.15
(1) $w = (x + 2iy)^2$
(2) $w = e^{-y}(\cos x + i \sin x)$

21 $\log(\sqrt{3} - i)$ および $\text{Log}(-1 - i)$ の値を求めよ． ◀教問 5.16

22 $\cos\left(\dfrac{\pi}{6}i\right)$ および $\sin(\pi i)$ の値を求めよ． ◀教問 5.18

23 次を証明せよ． ◀教問 5.19
(1) $\cos z, \sin z$ (z は複素数) の定義から $\sin^2 z + \cos^2 z = 1$ が成り立つ．
(2) $w = \dfrac{\sin z}{\cos z}$ ($\cos z \neq 0$) に対し，$w' = \dfrac{1}{\cos^2 z}$ が成り立つ．

24 次の等式を証明せよ． ◀教問 5.19
$$\sin(-\alpha) = -\sin\alpha, \quad \cos(-\alpha) = \cos\alpha \quad (\alpha \text{ は複素数})$$

25 方程式 $\cos z = 2$ の解を求めよ． ◀教問 5.20

B

例題 5.2
$$w = (ax^2 + bxy + y^2) + i(2x^2 + cxy + dy^2)$$
が複素平面上の正則関数となるときの実数 a, b, c, d の値を求めよ．またそのときの導関数 w' を求めよ．

解 $u(x, y) = ax^2 + bxy + y^2$, $v(x, y) = 2x^2 + cxy + dy^2$ とおく．
コーシー–リーマンの方程式より $u_x = v_y, u_y = -v_x$.
したがって $2ax + by = cx + 2dy, bx + 2y = -(4x + cy)$.
両辺の係数を比較して，$2a = c, b = 2d$ および $b = -4, 2 = -c$.
$$\therefore \quad a = -1, \ b = -4, \ c = -2, \ d = -2$$

5.2 正則関数

このとき
$$w' = u_x + iv_x = (-x^2 - 4xy + y^2)_x + i(2x^2 - 2xy - 2y^2)_x$$
$$= (-2x - 4y) + i(4x - 2y)$$
∎

26 複素関数 $w = u + iv$ が複素平面上の正則関数であるなら，実数値関数 $u = u(x,y)$ と $v = v(x,y)$ はいずれも調和関数となる，すなわち $u_{xx} + u_{yy} = 0$, $v_{xx} + v_{yy} = 0$ を満たすことを示せ．

🚩 解くまえに　逆に 2 階連続的偏微分可能な実数値関数 $u = u(x,y)$（または $v = v(x,y)$）が調和関数ならば，u を実部にもつ（または v を虚部にもつ）複素平面上の正則関数 $w = w(z)$ が存在する（**50** 参照）．

27 次の方程式の解を求めよ．
(1) $e^z = 1 + i$ 　　(2) $\cos z = 3$
(3) $\sin z = i$

28 $z = x + iy$ $(x, y$ は実数$)$ に対し，次の等式が成り立つことを示せ．
(1) $\cos z = \cos x \cosh y - i \sin x \sinh y$
　　$|\cos z|^2 = \cos^2 x + \sinh^2 y$
(2) $\sin z = \sin x \cosh y + i \cos x \sinh y$
　　$|\sin z|^2 = \sin^2 x + \sinh^2 y$
(3) $\cos z \neq 0$ ならば
$$\frac{\sin z}{\cos z} = \frac{\sin 2x + i \sinh 2y}{\cos 2x + \cosh 2y}$$

🚩 解くまえに　必要なら，双曲線関数（『微分積分』p.73）$\cosh x = \dfrac{e^x + e^{-x}}{2}$, $\sinh x = \dfrac{e^x - e^{-x}}{2}$ に関する次の公式を用いること
$$\cosh(x + y) = \cosh x \cosh y + \sinh x \sinh y$$
$$\sinh(x + y) = \sinh x \cosh y + \cosh x \sinh y$$
$$\cosh^2 x - \sinh^2 x = 1$$

5.3 複素積分

線積分 曲線 C が $z(t) = x(t) + iy(t)$ $(a \leqq t \leqq b)$ と表されるとき

(1) $\displaystyle\int_C f(z)dz$

$= \displaystyle\lim_{|\Delta| \to 0} \sum_{k=1}^{n} f(\xi_k)(z_k - z_{k-1})$

(2) $\displaystyle\int_C f(z)dz = \int_a^b f(z)\frac{dz}{dt}dt$

$= \displaystyle\int_a^b f(z(t))z'(t)dt$

(3) $\displaystyle\int_C \{f(z) + g(z)\}dz$

$= \displaystyle\int_C f(z)dz + \int_C g(z)dz$

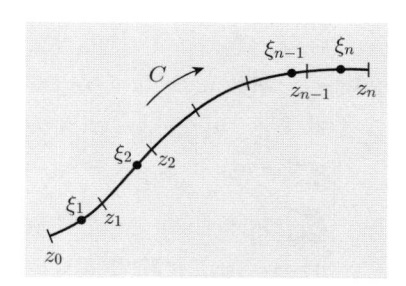

(4) $\displaystyle\int_C kf(z)dz = k\int_C f(z)dz$ （k は複素数）

(5) $\displaystyle\int_{-C} f(z)dz = -\int_C f(z)dz$

(6) $\displaystyle\int_{C_1+C_2} f(z)dz = \int_{C_1} f(z)dz + \int_{C_2} f(z)dz$

原始関数 領域 D で定義された複素関数 $f(z)$ に対し

$$F'(z) = f(z)$$

を満たす正則関数 $F(z)$ が存在するとき，$F(z)$ を $f(z)$ の**原始関数**という．このとき D に含まれる任意の曲線 C に対し

$$\int_C f(z)dz = F(\beta) - F(\alpha) \quad \text{（ただし } \alpha, \beta \text{ は曲線 } C \text{ の始点，終点）}$$

■注意　証明は B 問題の例題 5.3 参照．

■注意　一般には $f(z)$ は原始関数をもつとは限らず，$\displaystyle\int_C f(z)dz$ の値は C の始点と終点だけでなく，途中の経路にも依存する（30 参照）．

5.3 複素積分

閉曲線 始点と終点が一致する曲線．通常，閉曲線は正の回転の向き（反時計方向）がついているものとする．

領域 D で正則な関数 $f(z)$ と，自分自身とその内部が D に含まれる閉曲線 C に対し

$$\int_C f(z)dz = 0 \quad \text{（コーシーの積分定理）}$$

さらに C の内部の点 a に対し

$$f(a) = \frac{1}{2\pi i}\int_C \frac{f(z)}{z-a}dz \quad \text{（コーシーの積分表示）}$$

$$f^{(n)}(a) = \frac{n!}{2\pi i}\int_C \frac{f(z)}{(z-a)^{n+1}}dz \quad \text{（グルサの定理）}$$

A

29 次の複素積分を求めよ． ◀教問 5.21

(1) $\displaystyle\int_C (3z-1)dz, \quad C: z=(2+i)t+(1+5i) \quad (0\leqq t\leqq 1)$

(2) $\displaystyle\int_C (z-\overline{z})dz, \quad C: z=(1-t)+ti \quad (0\leqq t\leqq 1)$

30 領域 $D=\{z\mid z\neq 0\}$ 上で定義された関数 $f(z)=\dfrac{1}{z}$ に対し，$\displaystyle\int_C f(z)dz$ の値を求めよ．ここで $a>0$ は定数とする． ◀教問 5.22

(1) $C_1: z(t)=ae^{it}=a\cos t+ia\sin t \ (0\leqq t\leqq \pi)$ に対し $\displaystyle\int_{C_1} f(z)dz$

(2) $C_2: z(t)=ae^{-it}=a\cos t-ia\sin t \ (0\leqq t\leqq \pi)$ に対し $\displaystyle\int_{C_2} f(z)dz$

31 次の積分の値を求めよ． ◀教問 5.23

(1) $\displaystyle\int_C \frac{e^{-3z}}{z+2}dz, \quad C=\{z\mid |z+2|=2\}$

(2) $\displaystyle\int_C \frac{e^{-3z}}{z+2}dz, \quad C=\{z\mid |z|=1\}$

(3) $\displaystyle\int_C \frac{\sin z}{4z+\pi}dz, \quad C=\{z\mid |z|=1\}$

第 5 章 複素解析

32 次の複素積分の値を求めよ． ◀教問 5.24

(1) $\displaystyle\int_C \frac{\cos z}{(z-i)^3}dz, \quad C=\{z \mid |z+1|=2\}$

(2) $\displaystyle\int_C \frac{e^{2iz}}{(z-\frac{\pi}{2}i)^4}dz, \quad C=\{z \mid |z-\frac{\pi}{2}i|=1\}$

B

例題 5.3 $F(z)$ は領域 D で定義された複素関数 $f(z)$ の原始関数であるとき，D に含まれる任意の曲線 C の始点 α，終点 β に対し，

$\displaystyle\int_C f(z)dz = F(\beta) - F(\alpha)$ が成り立つことを示せ．

解くまえに $C : z(t) = x(t) + iy(t)\ (a \leqq t \leqq b)$ に対し，$F(z(t)) = U(t) + iV(t)$ とおく．

解 上記 $F(z(t)) = U(t) + iV(t)$ の両辺を変数 t に関して微分する．

$F'(z(t))z'(t) = U'(t) + iV'(t), \quad f(z(t))z'(t) = U'(t) + iV'(t)$

$\therefore \displaystyle\int_C f(z)dz = \int_a^b f(z(t))z'(t)dt = \int_a^b U'(t)dt + i\int_a^b V'(t)dt$

$= [U(t)]_a^b + i[V(t)]_a^b = F(z(b)) - F(z(a)) = F(\beta) - F(\alpha)$ ∎

例題 5.4 $f(z)$ の原始関数を用いて $\displaystyle\int_C f(z)dz$ の値を求めよ．

(1) $f(z) = z^2, \quad C : z(t) = e^{it} = \cos t + (\sin t)i \quad (0 \leqq t \leqq \pi)$

(2) $f(z) = 2iz + 5, \quad C : z(t) = it \quad (1 \leqq t \leqq 2)$

解 (1) $\displaystyle\int_C f(z)dz = \left[\frac{1}{3}z^3\right]_{z(0)}^{z(1)} = \frac{1}{3}\left[z^3\right]_1^{-1} = -\frac{2}{3}$

(2) $\displaystyle\int_C f(z)dz = \left[iz^2 + 5z\right]_{z(1)}^{z(2)} = \left[iz^2 + 5z\right]_i^{2i} = 2i$ ∎

5.3 複素積分

33 $f(z)$ の原始関数を用いて $\int_C f(z)dz$ の値を求めよ．

(1) $f(z) = 3z^2 + 4z$
 $C : z(t) = e^{it} = \cos t + (\sin t)i \quad \left(-\dfrac{\pi}{2} \leqq t \leqq \dfrac{\pi}{2}\right)$

(2) $f(z) = 2iz + 3$
 $C : z(t) = t^2 + ti \quad (0 \leqq t \leqq 1)$

34 **30** の結果に注意して，領域 $D = \{z \mid z \neq 0\}$ 上で定義された関数 $f(z) = \dfrac{1}{z}$ の原始関数があれば求めよ．また，なければ理由を述べよ．

35 曲線 $C : z = 1 + ti \ (0 \leqq t \leqq \pi)$ に対し，次の複素積分の値を求めよ．

(1) $\int_C e^{z^2} z \, dz$

(2) $\int_C \text{Log } z \, dz$

(3) $\int_C \sin \bar{z} \, dz$

36 関数 $f(z)$ が円板 $\{z \mid |z-a| \leqq R\}$ を含む領域で正則であるとき，コーシーの積分表示を用いて，次の問いに答えよ．

(1) $\dfrac{1}{2\pi} \int_0^{2\pi} f(a + Re^{i\theta}) d\theta$ の値を求めよ（**複素関数の平均値の定理**）．

(2) 円内の任意の点 $z = a + re^{i\theta} \ (0 < r < R)$ に対し，次の等式が成り立つことを示せ．

$$f(z) = \dfrac{1}{2\pi} \int_0^{2\pi} f(a + Re^{i\varphi}) \dfrac{R^2 - r^2}{R^2 - 2Rr\cos(\varphi - \theta) + r^2} d\varphi$$

（**ポアソン表示**）

5.4 関数の展開と留数

テイラー展開 関数 $f(z)$ が，点 a を中心とする半径 $r > 0$ の円の内部 $D = \{z \mid |z - a| < r\}$ で正則なら

$$f(z) = f(a) + \frac{f'(a)}{1!}(z-a) + \frac{f''(a)}{2!}(z-a)^2 + \cdots + \frac{f^{(n)}(a)}{n!}(z-a)^n + \cdots$$

($f(z)$ の $z = a$ を中心とする**テイラー展開**)

マクローリン展開 $f(z)$ の $z = 0$ を中心とするテイラー展開

(1) $e^z = 1 + \dfrac{z}{1!} + \dfrac{z^2}{2!} + \cdots = \displaystyle\sum_{n=0}^{\infty} \dfrac{1}{n!} z^n$ (すべての z)

(2) $\sin z = z - \dfrac{1}{3!} z^3 + \dfrac{1}{5!} z^5 - \dfrac{1}{7!} z^7 + \cdots$

$\qquad = \displaystyle\sum_{n=0}^{\infty} (-1)^n \dfrac{1}{(2n+1)!} z^{2n+1}$ (すべての z)

(3) $\cos z = 1 - \dfrac{1}{2!} z^2 + \dfrac{1}{4!} z^4 - \dfrac{1}{6!} z^6 + \cdots$

$\qquad = \displaystyle\sum_{n=0}^{\infty} (-1)^n \dfrac{1}{(2n)!} z^{2n}$ (すべての z)

(4) $\dfrac{1}{1-z} = 1 + z + z^2 + z^3 + \cdots = \displaystyle\sum_{n=0}^{\infty} z^n$ ($|z| < 1$)

ローラン展開 複素数 a に対して，関数 $f(z)$ は $D = \{z \mid |z - a| < r\}$ から点 $z = a$ を除いた領域で正則ならば，D 上で次のように展開できる．

$$f(z) = \sum_{n=-\infty}^{\infty} b_n (z-a)^n \quad (f(z) \text{ の点 } a \text{ を中心とする}\textbf{ローラン展開})$$

ただし C_ρ を中心 a，半径 ρ ($\rho < r$) の円とするとき，係数 b_n は

$$b_n = \frac{1}{2\pi i} \int_{C_\rho} \frac{f(\xi)}{(\xi - a)^{n+1}} d\xi$$

で与えられる．

5.4 関数の展開と留数

(1) 点 a が関数 $f(z)$ の **孤立特異点**
$\iff f(z)$ は $\{z \mid 0 < |z-a| < r\}$ で正則, $z = a$ では定義されていない

(2) $f(z)$ のローラン展開を $f(z) = \sum_{n=-\infty}^{\infty} b_n(z-a)^n$ とするとき

a が **除去可能な特異点** $\iff b_{-n} \neq 0$ を満たす自然数 n が存在しない
$\iff \lim_{z \to a} f(z)$ が収束

(3) a が k 位の **極** $\iff b_{-k} \neq 0,\ b_{-n} = 0\ (n > k,\ k = 1, 2, \ldots)$
$\iff \lim_{z \to a}(z-a)^{k-1}f(z)$ が発散,
かつ $\lim_{z \to a}(z-a)^k f(z)$ が収束

(4) a が **真性特異点** $\iff b_{-n} \neq 0$ を満たす自然数 n が無限個存在
$\iff$ 任意の自然数 n に対して $\lim_{z \to a}(z-a)^n f(z)$ が発散

留数 $\operatorname{Res}[f, a]$ は $f(z) = \sum_{n=-\infty}^{\infty} b_n(z-a)^n$ における b_{-1} の値とする.

(1) $\lim_{z \to a}(z-a)f(z)$ が収束 $\implies \operatorname{Res}[f, a] = \lim_{z \to a}(z-a)f(z)$

(2) $\lim_{z \to a}(z-a)^k f(z)$ が収束
$\implies \operatorname{Res}[f, a] = \dfrac{1}{(k-1)!} \lim_{z \to a} \{(z-a)^k f(z)\}^{(k-1)}$

(3) $f(z), g(z)$ がともに点 a を含むある領域で正則かつ $g(a) = 0, g'(a) \neq 0$
$\implies \operatorname{Res}\left[\dfrac{f}{g}, a\right] = \dfrac{f(a)}{g'(a)}$

留数定理 領域 D が閉曲線 C と C の内部を含み, 関数 $f(z)$ は D から C の内部にある有限個の点 $a_1, a_2, \ldots, a_m$ を除いた領域で正則であるなら

$$\int_C f(z)dz = 2\pi i \sum_{k=1}^{m} \operatorname{Res}[f, a_k]$$
$$= 2\pi i \{\operatorname{Res}[f, a_1] + \operatorname{Res}[f, a_2] + \cdots + \operatorname{Res}[f, a_m]\}$$

実積分の計算

(1) $R(u, v)$ が有理関数（分数関数）

$$\implies \int_0^{2\pi} R(\cos t, \sin t)dt = \int_C R\left(\frac{z^2+1}{2z}, \frac{z^2-1}{2iz}\right)\frac{dz}{iz}$$
$$(\text{ただし } C = \{z \mid |z| = 1\})$$

(2) $f(z)$ が有理関数で，実軸上には孤立特異点はなしとする．
$\{a_1, a_2, \ldots, a_n\}$ は上半平面 $\{z \mid \text{Im}(z) > 0\}$ にある $f(z)$ の孤立特異点の集合であるとき

(i) $\displaystyle\lim_{z \to \infty} f(z)z = 0 \implies \int_{-\infty}^{\infty} f(x)dx = 2\pi i \sum_{k=1}^{n} \text{Res}[f, a_k]$

(ii) $m > 0, \displaystyle\lim_{z \to \infty} f(z) = 0$

$$\implies \int_{-\infty}^{\infty} f(x)\cos mx\, dx + i \int_{-\infty}^{\infty} f(x)\sin mx\, dx$$
$$= \int_{-\infty}^{\infty} f(x)e^{imx}\, dx = 2\pi i \sum_{k=1}^{n} \text{Res}[f(z)e^{imz}, a_k]$$

A

37 次の関数の（ ）内の点を中心とするテイラー展開を求めよ． ◀教問 5.25

(1) $f(z) = e^{3z}$ $(z = 2)$ (2) $f(z) = \dfrac{1}{z}$ $(z = -2)$

(3) $f(z) = \cos(z^3)$ $(z = 0)$

38 $f(z) = \dfrac{1}{6 - z}$ のマクローリン展開を求めよ． ◀教問 5.26

39 $f(z) = \sin(z^2 + 1)$ のマクローリン展開を z^3 の項まで求めよ． ◀教問 5.27

40 次の関数の（ ）内の点を中心とするローラン展開を求めよ． ◀教問 5.29

(1) $f(z) = \dfrac{\cos z}{z - \pi}$ $(z = \pi)$ (2) $f(z) = \dfrac{1}{(z+1)(z+2)}$ $(z = -1)$

(3) $f(z) = z^2 \cos \dfrac{1}{z}$ $(z = 0)$

5.4 関数の展開と留数

41 次の留数を求めよ.

(1) $\mathrm{Res}\left[\dfrac{e^{3z}}{(z-1)^2}, 1\right]$

(2) $\mathrm{Res}\left[\dfrac{1}{(z-4)^3(z+1)}, 4\right]$

(3) $\mathrm{Res}\left[\dfrac{e^{2z}}{e^z-e}, 1\right]$

42 留数定理を用いて，次の閉曲線 C に沿っての複素積分の値を求めよ．

(1) $\displaystyle\int_C \dfrac{1}{z^2(z+3)}dz, \quad C=\{z\mid |z|=1\}$

(2) $\displaystyle\int_C \dfrac{z^2}{3z^2+5z+2}dz, \quad C=\{z\mid |z|=3\}$

(3) $\displaystyle\int_C \dfrac{z}{z^2+z+1}dz, \quad C=\{z\mid |z|=2\}$

43 定積分 $\displaystyle\int_0^{2\pi}\dfrac{1}{5-3\cos t}dt$ の値を求めよ．

44 次の広義積分の値を求めよ．
$$\int_{-\infty}^{\infty}\dfrac{1}{(x^2+1)(x^2+4)}dx$$

45 次の広義積分の値を求めよ．

(1) $\displaystyle\int_{-\infty}^{\infty}\dfrac{xe^{3ix}}{x^2+2x+2}dx$

(2) $\displaystyle\int_{-\infty}^{\infty}\dfrac{x\cos 3x}{x^2+2x+2}dx$ および $\displaystyle\int_{-\infty}^{\infty}\dfrac{x\sin 3x}{x^2+2x+2}dx$

B

例題 5.5 広義積分 $\displaystyle\int_{-\infty}^{\infty}\frac{\cos 3x}{1+x^2}dx$ の値を求めよ.

解 $f(z) = \dfrac{1}{1+z^2}$ とおく. $\displaystyle\lim_{z\to\infty}f(z) = 0$ であり, $1+z^2 = 0$ となる点は $z = \pm i$ のうち上半平面にあるのは $z = i$ のみである.

$$\int_{-\infty}^{\infty}\frac{\cos 3x}{1+x^2}dx + i\int_{-\infty}^{\infty}\frac{\sin 3x}{1+x^2}dx = \int_{-\infty}^{\infty}f(x)e^{3ix}dx$$
$$= 2\pi i\,\mathrm{Res}[f(z)e^{3iz}, i]$$

ここで
$$\mathrm{Res}[f(z)e^{3iz}, i] = \lim_{z\to i}(z-i)f(z) = \lim_{z\to i}\frac{e^{3iz}}{z+i} = \frac{e^{-3}}{2i}$$
$$\therefore\ \int_{-\infty}^{\infty}\frac{\cos 3x}{1+x^2}dx + i\int_{-\infty}^{\infty}\frac{\sin 3x}{1+x^2}dx = \pi e^{-3}$$

両辺の実部をとると, $\displaystyle\int_{-\infty}^{\infty}\frac{\cos 3x}{1+x^2}dx = \pi e^{-3}$ ∎

46 次の閉曲線 C に沿っての複素積分の値を求めよ.

(1) $\displaystyle\int_C \frac{1}{z^3 - i}dz$, $C = \{z\mid |z| = 2\}$

(2) $\displaystyle\int_C \frac{ze^z}{(z-1)^3}dz$, $C = \{z\mid |z+i| = 2\}$

(3) $\displaystyle\int_C \frac{2z}{z^3 - z^2 + z - 1}dz$, $C = \{z\mid |z+1+i| = \sqrt{2}\}$

47 次の広義積分の値を求めよ.
$$\int_{-\infty}^{\infty}\frac{1}{(x^2+1)^3}dx$$

48 次の広義積分の値を求めよ.
$$\int_{-\infty}^{\infty}\frac{\sin 2x}{x^2 - x + 1}dx$$

C 発展問題

49 複素関数 $f(z)$ が長さ L の曲線 C 上で $|f(z)| \leq M$ を満たすとき，線積分の定義により

$$\left|\int_C f(z)dz\right| \leq ML$$

が成り立つことを示せ．必要なら例題 5.1 で述べた三角不等式を用いること．

50 実数値関数 $u = u(x,y)$ が 2 回連続的偏微分可能（つまり $u_{xx}, u_{xy}, u_{yx}, u_{yy}$ が存在して連続）であり，$u_{xx} + u_{yy} = 0$ を満たす，すなわち調和関数であるとする．このとき u を実部にもつ複素平面上の正則関数 $w = w(z)$ が存在することを証明せよ．

▶解くまえに 5.2 節 **26** 参照．

任意の実数 v_0, a, b に対し，$v(x,y) = v_0 - \int_a^x u_y(s,b)ds + \int_b^y u_x(x,t)dt$ と定めると，$u_x = v_y, u_y = -v_x$ が成り立つことを示す．

51 次の広義積分の値を求めよ．

$$\int_{-\infty}^{\infty} \frac{\cos x}{x^4 + 1}dx$$

6 確率・統計

6.1 データの整理

度数分布表 ある集団に属する人や物の性質を表す数を**変量**という．変量 x に関する調査，観測，測定などによってえられた数値 $x_1, x_2, \ldots, x_n$ を変量 x の**データ**といい，その数値の個数 n を**データの大きさ**という．変量の範囲を同じ幅の小区間（**階級**という）にわけて表示することが多い．その各階級に属するデータの個数をその階級における**度数**という．各階級に度数を対応させた表を**度数分布表**といい，これを柱状グラフで表したものを**ヒストグラム**という．各階級の中央の値を**階級値**といい，度数を総度数で割ったものを**相対度数**という．

データ x_i の度数を f_i とするとき，座標 $(x_1, f_1), (x_2, f_2), \ldots, (x_n, f_n)$ をもつ点を順に線分で結んだグラフのことを**度数分布多角形**という．

代表値 変量 x の n 個のデータ $x_1, x_2, \ldots, x_n$ に対してデータの全体的な特徴を表す数値をそのデータの**代表値**という．次の3つがよく用いられる．

(1) （**平均値** $\bar{x}$） $\bar{x} = \dfrac{1}{n} \sum_{i=1}^{n} x_i$

$\qquad = \dfrac{x_1 + x_2 + \cdots + x_n}{n}$

(2) （**中央値** Me） データすべてを大きさの順に並べたとき，中央にくる値．データの個数 n が偶数のとき，中央にくる2つの値の平均値を中央値とする．**メジアン**ともいう．

(3) （**最頻値** Mo） データを度数分布表に表したとき，度数が最も大きい階級の階級値．**モード**ともいう．

6.1 データの整理

データの散らばり具合を表す量

(1) (**分散** v_x と**標準偏差** s_x) $v_x = \dfrac{1}{n}\sum_{i=1}^{n}(x_i - \overline{x})^2$, $s_x = \sqrt{v_x}$

(2) (**四分位数**) データすべてを大きさの順に並べたとき，四等分する位置にくる値を**四分位数**という．小さいほうから**第1四分位数**，**第2四分位数**，**第3四分位数**といい，それぞれ Q_1, Q_2, Q_3 で表す．Q_2 は中央値に等しい．
これらを箱と線分（ひげ）で表した図を**箱ひげ図**という．

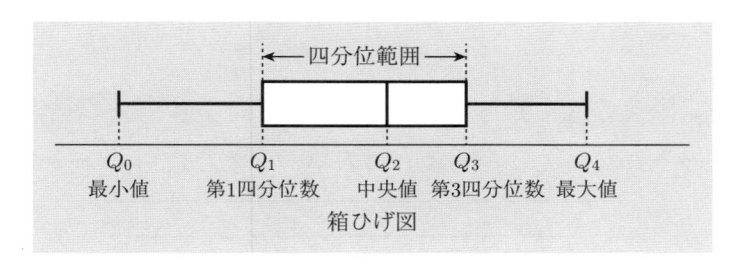

箱ひげ図

分散に関する公式 $v_x = \overline{x^2} - \overline{x}^2$

データの変換 変量 x と変量 y の間に $y = ax + b$ (a, b は定数) の関係があるとき，その平均，分散，標準偏差に次の関係式が成立する．
$$\overline{y} = a\overline{x} + b, \quad v_y = a^2 v_x, \quad s_y = |a|s_x$$

偏差値 変量 x を式
$$d = 50 + 10\dfrac{x - \overline{x}}{s_x}$$
で変換した量 d を**偏差値**という．平均 $\overline{x}$ の偏差値は 50 である．

共分散と相関係数 n 個の2次元データ $(x_1, y_1), (x_2, y_2), \ldots, (x_n, y_n)$ について**共分散** c_{xy} を
$$c_{xy} = \dfrac{1}{n}\sum_{i=1}^{n}(x_i - \overline{x})(y_i - \overline{y})$$
で定義する．$c_{xy} = \overline{xy} - \overline{x}\,\overline{y}$ が成り立つ．次に x, y の**相関係数** r を
$$r = \dfrac{c_{xy}}{s_x s_y} = \dfrac{\overline{xy} - \overline{x}\,\overline{y}}{\sqrt{\overline{x^2} - \overline{x}^2}\sqrt{\overline{y^2} - \overline{y}^2}}$$
で定義する．

相関係数 r の意味　相関係数 r について次のことが成り立つ.
(1)　$-1 \leqq r \leqq 1$
(2)　$|r|$ が 1 に近いとき，x と y に強い相関がある．
(3)　すべてのデータが 1 つの直線上にある．$\iff r = \pm 1$
(4)　r が 0 に近いときはほとんど直線的な相関がない．

回帰直線　変量 x に対する変量 y の回帰直線の方程式は
$$y = ax + b \quad \text{ただし}\ a = \frac{c_{xy}}{v_x},\ b = \overline{y} - a\overline{x}$$

A

1　あるクラスの 10 人の学生の数学のテストの点数は以下のようであった．

| 78 | 63 | 37 | 95 | 72 | 68 | 53 | 84 | 76 | 59 |

この 10 人の学生の数学のテストの平均値 $\overline{x}$，分散 v，標準偏差 s を求めよ．また 37 点の偏差値 d を求めよ．　◀教問 6.2

2　次の変量 x の 40 個のデータについて次の問いに答えよ．　◀教問 6.1

69	53	64	68	33	49	29	46	61	73
90	70	50	29	41	45	39	45	26	45
53	40	23	35	41	60	41	31	70	51
64	58	33	33	61	51	61	41	34	39

(1)　変量 x の平均値，分散，標準偏差，中央値を求めよ．
(2)　1 つの階級を「20 以上 30 未満」となるように度数分布表を作れ．ただし階級の幅はどれも同じとする．さらに，これをもとにしてこの変量 x のヒストグラムを作り，この度数分布表における最頻値を求めよ．

3　次のデータの平均値と中央値と最頻値を求めよ．　◀教問 6.1

| 2 | 3 | 6 | 8 | 7 | 4 | 2 | 6 | 1 | 5 |
| 9 | 7 | 5 | 9 | 1 | 4 | 3 | 4 | 2 | 4 |

4　**3** のデータについて分散と標準偏差を求めよ．　◀教問 6.2

5 表は，クラスの男子 20 人の 100m 走のタイムを度数分布表にまとめたものである．この表より，このデータの平均値，中央値，最頻値を求めよ．また，このデータのヒストグラムと度数分布多角形をかけ． ◀教問 6.1

階級 [秒]	階級値 [秒]	度数
12 ～ 13	12.5	1
13 ～ 14	13.5	3
14 ～ 15	14.5	7
15 ～ 16	15.5	5
16 ～ 17	16.5	4
合計		20

6 **5** の度数分布表について，表のように変量 x を変量 y に x の 1 次式で変換した．x と y の 1 次関係式を求め，表を完成させよ．この表から x の平均値と分散を求めよ． ◀教問 6.2

階級値 (x) [秒]	y	度数 (f_i)	$y_i f_i$	$y_i{}^2 f_i$
12.5		1		
13.5		3		
14.5	0	7		
15.5	1	5		
16.5		4		
計		20		

7 表は中学生 20 人の漢字テストの得点の分布を表したものである．次のとき，a, b を求めよ．

得点 [点]	3	4	5	6	7	8	9	10	計
人数 [人]	1	2	4	a	b	3	1	2	20

◀教問 6.1

(1) 平均点が 6.4 点のとき　　(2) 中央値が 7 点のとき

8 次の (1), (2) の 2 次元データについて x と y の共分散 c_{xy} と相関係数 r を求めよ．また x に対する y の回帰直線の方程式も求めよ． ◀教例題 6.3

(1)

x	1	2	4	6	8
y	7	6	4	2	1

(2)

x	1	2	4	5	8
y	2	4	5	7	9

9 次の 8 人の学生の数学と物理の点数について以下の問いに答えよ．

◀教問 6.6

学生	1	2	3	4	5	6	7	8	合計
数学 (x)	8	7	4	9	6	2	3	10	
物理 (y)	7	8	5	10	5	6	2	8	
x^2									
xy									
y^2									

(1) 表を完成させよ．
(2) 数学の点数 x と物理の点数 y の相関係数 r を求めよ．
(3) 数学の点数 x に対する物理の点数 y の回帰直線の方程式を求めよ．
(4) 物理の点数 y に対する数学の点数 x の回帰直線の方程式を求めよ．

B

例題 6.1 次の（あ）〜（え）のデータについて第 1 四分位数 (Q_1)，中央値（メジアン，第 2 四分位数）(Q_2)，および，第 3 四分位数 (Q_3) を求めよ．またレンジ R，四分位範囲 QR を求め，箱ひげ図をかけ．

（あ）	1,	2,	3,	4,	5,	6,	7,	8						
（い）	1,	2,	3,	4,	5,	6,	7,	8,	9					
（う）	1,	2,	3,	4,	4,	4,	5,	5,	5,	6,	6,	7,	8,	9,	10
（え）	1,	2,	2,	3,	4,	5,	6,	7,	8,	9,	9,	9,	10,	10	

ただし四分位数の定義は次のように定める．第 2 四分位数 Q_2 はメジアンと等しい．データの個数が偶数のときは，第 1 四分位数 Q_1 は下位の半分の数のメジアン，第 3 位四分位数 Q_3 は上位半分の数のメジアンとする．データの個数が奇数のときは中央値を除き，下位と上位にわけ，そのメジアンをそれぞれ第 1 四分位数 Q_1，第 3 四分位数 Q_3 とする．さらにレンジ R，四分位範囲 QR はそれぞれ式

$$R = （最大値） - （最小値）, \quad QR = Q_3 - Q_1$$

で定義するものとする．

6.1 データの整理

解くまえに 四分位数 (Q_1, Q_2, Q_3) の定義は数通りある．本書では上記の定義とする．表計算ソフトの定義はこれとは異なる場合がある．

解
(あ) $(Q_1, Q_2, Q_3) = (2.5, 4.5, 6.5)$, $(R, QR) = (7, 4)$
(い) $(Q_1, Q_2, Q_3) = (2.5, 5, 7.5)$, $(R, QR) = (8, 5)$
(う) $(Q_1, Q_2, Q_3) = (4, 5, 7)$, $(R, QR) = (9, 3)$
(え) $(Q_1, Q_2, Q_3) = (3, 6.5, 9)$, $(R, QR) = (9, 6)$

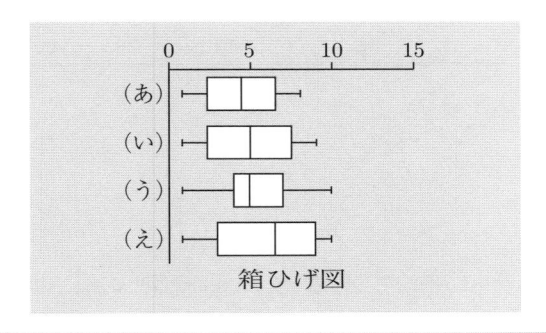

箱ひげ図

例題 6.2 次の度数分布表はある学校の男子 40 人の体重について調べたものである．この表から，体重の平均値 $\bar{x}$，分散 s^2，標準偏差 s を求めよ．

体重 [kg]	45〜50	50〜55	55〜60	60〜65	65〜70	70〜75	75〜80	80〜85	計
人数 [人]	1	7	17	4	3	6	1	1	40

解 体重の階級値を x とおき

$$y = \frac{x - 57.5}{5}$$

と変数変換する．ここで 57.5 は平均を含むと予想される階級の階級値であり，分母の 5 は階級の幅である．

階級値 x [kg]	y	度数 f	yf	y^2f
47.5	-2	1	-2	4
52.5	-1	7	-7	7
57.5	0	17	0	0
62.5	1	4	4	4
67.5	2	3	6	12
72.5	3	6	18	54
77.5	4	1	4	16
82.5	5	1	5	25
計		40	28	122

この表より，y の平均 $\overline{y}$ とし，y の分散を s_y^2 とすると

$$\overline{y} = \frac{28}{40} = 0.7$$

$$s_y^2 = \overline{y^2} - \overline{y}^2 = \frac{122}{40} - 0.7^2 = 2.56$$

よって，求める体重 x の平均 $\overline{x}$，分散 s_x^2，および標準偏差 s_x は次のようになる．

$$\overline{x} = 5\,\overline{y} + 57.5 = 61 \text{ [kg]}, \quad s_x^2 = 5^2 s_y^2 = 64 \text{ [kg}^2\text{]}, \quad s_x = 8 \text{ [kg]}$$

例題 6.3 変量 x, y の n 個のデータ $(x_1, y_1), (x_2, y_2), \ldots, (x_n, y_n)$ について，x, y の分散をそれぞれ v_x, v_y とし，x, y の共分散を c_{xy} とおく．a, b を定数とし，$z = ax + by$ とおくとき，z の分散 v_z を v_x, v_y, c_{xy} で表せ．

解 $\overline{z} = a\overline{x} + b\overline{y}$ であるから

$$v_z = \frac{1}{n}\sum_{i=1}^{n}(z_i - \overline{z})^2 = \frac{1}{n}\sum_{i=1}^{n}\{(ax_i + by_i) - (a\overline{x} + b\overline{y})\}^2$$

$$= \frac{1}{n}\sum_{i=1}^{n}\{a(x_i - \overline{x}) + b(y_i - \overline{y})\}^2$$

$$= \frac{1}{n}\sum_{i=1}^{n}\{a^2(x_i - \overline{x})^2 + 2ab(x_i - \overline{x})(y_i - \overline{y}) + b^2(y_i - \overline{y})^2\}$$

$$= a^2 v_x + 2ab\, c_{xy} + b^2 v_y$$

10 次のデータについて，a の値と平均値 $\bar{x}$ を求めよ．
(1)　4 個のデータ $[\ 7,\ \ 9,\ \ a,\ \ 4-a\ ]$ でその分散が 10
(2)　5 個のデータ $[\ 3,\ \ 5,\ \ 7,\ \ a,\ \ 4a\ ]$ でその標準偏差が 2

11 変量 x, y の n 個のデータ $(x_1, y_1), (x_2, y_2), \ldots, (x_n, y_n)$ があり，その平均値が $\bar{x} = 6, \bar{y} = 8$，標準偏差が $s_x = 7, s_y = 5$，共分散が $c_{xy} = 13$ である．このとき次の変量 z の平均値 $\bar{z}$ と標準偏差 s_z を求めよ．
(1)　$z = x + y$
(2)　$z = 2x - 3y$

▶解くまえに　例題 6.3 を利用する．

12 次の (1), (2) のデータについて第 1 四分位数 Q_1，中央値（第 2 四分位数）Q_2，および，第 3 四分位数 Q_3 を求めよ．また，レンジ R，四分位範囲 QR，最頻値 Mo を求め，箱ひげ図をかけ．ただし四分位数 Q_1, Q_3，レンジ R，四分位範囲 QR は例題 6.1 のように定めるものとする．
(1)　5, 4, 8, 7, 6, 4, 6, 5, 2, 3, 7, 5, 5, 2, 3, 8
(2)　3, 4, 8, 9, 8, 7, 6, 2, 5, 5, 6, 7, 5, 8, 4, 1, 8, 4, 3

13 変量 x, y の n 個のデータ $(x_1, y_1), (x_2, y_2), \ldots, (x_n, y_n)$ について
$$u_i = ax_i + b, \quad v_i = cy_i + d \quad (1 \leqq i \leqq n)$$
により，2 つの変量 u, v を定める．ここで a, b, c, d は定数で $ac > 0$ とする．x, y の相関係数を r_{xy}，u, v の相関係数を r_{uv} とするとき，$r_{xy} = r_{uv}$ であることを示せ．

14 n 個の 2 次元データ $(x_1, y_1), (x_2, y_2), \ldots, (x_n, y_n)$ に対して s_x, s_y をそれぞれ x, y の標準偏差とし，c_{xy}, r をそれぞれ x, y の共分散，相関係数とする．このとき
$$\frac{1}{n} \sum_{i=1}^{n} \left(\frac{x - x_i}{s_x} \pm \frac{y - y_i}{s_y} \right)^2 \geqq 0$$
であることを用いて $-1 \leqq r \leqq 1$ が成り立つことを示せ．ただし $s_x \neq 0, s_y \neq 0$ とする．

15 表はあるクラスの 40 人の学生を A, B, C の 3 つのグループにわけて行った小テストの結果である．次の値を求めよ．

	人数 [人]	平均 [点]	標準偏差
A	10	5	3
B	10	9	2
C	20	8	1

(1) 40 人全体の平均値

(2) 40 人全体の標準偏差

16 表は，東京，大阪，シドニーの各月の平均気温（単位 [°C]）のデータである．各都市の月別平均気温の第 1 四分位数，中央値，第 3 四分位数を求めよ．また，これらの箱ひげ図をかけ．四分位範囲から考えてデータの散らばりの大きいのはどの都市か．

月	1	2	3	4	5	6	7	8	9	10	11	12
東京	5.8	6.1	8.9	14.4	18.7	21.8	25.4	27.1	23.5	18.2	13.0	8.4
大阪	5.8	5.9	9.0	14.8	19.4	23.2	27.2	28.4	24.4	18.7	13.2	8.3
シドニー	22.8	22.9	21.5	18.6	15.9	13.0	12.2	13.3	15.7	18.0	19.6	21.9

17 2 つの変量 x, y の間に関係式

$$y = Ae^{Bx} \quad (A, B \text{ は定数}) \quad \cdots ①$$

が成り立つと予想される．変量 x, y の測定をしたところ，以下のようになった．次の方法で定数 A, B の値を最小 2 乗法を用いて求めよ．

x	1	2	3	4	5
y	5.9	9.9	15.4	25.0	40.3

方法：方程式①の両辺の自然対数をとると

$$\log y = \log A + Bx$$

となる．$X = x, Y = \log y$ とおき，X と Y に対して最小 2 乗法を用いる．

6.2 確率

確率の定義 全事象が N 個の根元事象からなり，これらの根元事象が同様に確からしいとき，事象 A の起こる確率を
$$P(A) = \frac{n(A)}{N}$$
で定義する．ただし $n(A)$ は事象 A に含まれる根元事象の個数である．このように定めた確率を**数学的確率**という．一方，実験や経験により定まる確率を**統計的確率**という．

確率の性質 確率について次のことが成り立つ．
(1) 任意の事象 A について　 $0 \leqq P(A) \leqq 1$
(2) 全事象と空事象の確率　 $P(\Omega) = 1, \quad P(\emptyset) = 0$
(3) 確率の加法定理　 $P(A \cup B) = P(A) + P(B) - P(A \cap B)$
(4) A と B が互いに排反のとき　 $P(A \cup B) = P(A) + P(B)$
(5) 余事象の確率　 $P(\overline{A}) = 1 - P(A)$

反復試行の確率 1回の試行で事象 A が起こる確率を p とする．この試行を n 回繰り返したとき，事象 A がちょうど r 回起きる確率を p_r とすると
$$p_r = {}_n\mathrm{C}_r \, p^r (1-p)^{n-r}$$

条件付き確率 $P(A) \neq 0$ であるとき，事象 A が起こったときに事象 B が起こる**条件付き確率**を
$$P_A(B) = \frac{P(A \cap B)}{P(A)}$$
と定義する．この記号 $P_A(B)$ のかわりに記号 $P(B|A)$ が用いられることもある．

確率の乗法定理 $P(A) \neq 0, P(B) \neq 0$ とするとき，次の式が成り立つ．
$$P(A \cap B) = P(A) P_A(B) = P(B) P_B(A)$$

事象の独立 2つの事象 A と B が
$$P(A \cap B) = P(A) P(B)$$
を満たすとき，A と B は**互いに独立である**という．

A

18 3枚の硬貨を投げるとき，2枚が表で1枚が裏になる確率を求めよ．

19 大小2つのさいころを同時に振るとき，次の確率を求めよ．
(1) 同じ目が出る　　(2) 目の和が3で割って1余る数になる
(3) 目の積が4以上になる

20 A, B, C の3人でじゃんけんを1回だけするとき，次の確率を求めよ．
(1) あいこになる確率　　(2) 1人だけが勝つ確率

21 赤玉5個と白玉3個が入っている袋から，3個の玉を同時に取り出すとき，次の確率を求めよ．
(1) 3個とも赤玉　　(2) 2個が赤玉で1個が白玉
(3) 少なくとも1個が赤玉

22 2個のさいころを振るとき，目の和が3または4の倍数になる確率を求めよ．

23 男子5人と女子3人の計8人が一列に無作為に並ぶとする．次の確率を求めよ．
(1) 3人の女子が隣り合う　　(2) どの女子も隣り合わない

24 100枚のカードに1から100までの自然数が1つずつかいてある．次の確率を求めよ．
(1) カードを1枚だけ引くとき，そのカードにかいてある数字が3または5の倍数である
(2) カードを1枚だけ引くとき，そのカードにかいてある数字が7で割り切れない
(3) カードを3枚同時に引くとき，その中の少なくとも1枚のカードの数字が80以下である

6.2 確率

25 1つのさいころを3回続けて振るとき，次の確率を求めよ． ◀教問 6.13
(1) 3回とも偶数の目が出る
(2) 目の積が偶数になる

26 1枚の硬貨を8回投げるとき，次の確率を求めよ． ◀教例 6.7
(1) 表がちょうど3回出る
(2) 表が2回以上出る

27 A，Bの2人でじゃんけんを5回する．各人がじゃんけんでグー，チョキ，パーを出す確率はどれも $\frac{1}{3}$ であるとする．次の確率を求めよ． ◀教例 6.7
(1) Aがちょうど3回勝つ
(2) Aが2回以上勝つ

28 2つのさいころを振って目の積が奇数であるという事象を A とし，目の差が2であるという事象を B とする．次の確率を求めよ． ◀教問 6.13
(1) $P(A)$
(2) $P(A \cap B)$
(3) $P_A(B)$

29 12本のくじの中に当たりくじが4本入っているとする．このくじを甲，乙の2人がこの順に1本ずつ引くことにする．ただし，引いたくじはもとに戻さないものとする．次の確率を求めよ． ◀教問 6.14
(1) 甲が当たりくじを引き，乙がはずれくじを引く確率
(2) 乙が当たりくじを引く確率
(3) 乙が当たりくじを引いたとき，甲も当たりくじを引いていた確率

30 事象 A, B について
$$P(A) = 0.4, \quad P(\overline{B}) = 0.5, \quad P(A \cap B) = 0.3$$
が成り立つとき，次の確率を求めよ． ◀教例 6.5
(1) $P(A \cup B)$
(2) $P_A(B)$
(3) $P_B(A)$

例題 6.4

ある製品を製造する 2 つの工場 A, B があり，A 工場の製品には 3% の不良品が，B 工場の製品には 2% の不良品が含まれているとする．これら A 工場の製品と B 工場の製品を 3 : 7 の割合で混ぜた大量の製品の中から 1 個を取り出すとき，次の確率を求めよ．

(1) それが不良品である確率

(2) 不良品であったとき，それが A 工場の製品である確率

解 (1) A 工場の製品である事象を A，B 工場の製品である事象を B，不良品であるという事象を C とおくと求める確率は

$$P(C) = P(A)P_A(C) + P(B)P_B(C)$$

$$= \frac{3}{10} \cdot \frac{3}{100} + \frac{7}{10} \cdot \frac{2}{100} = \frac{23}{1000}$$

(2) 求める確率は

$$P_C(A) = \frac{P(A \cap C)}{P(C)} = \frac{P(A)P_A(C)}{P(C)} = \frac{\frac{3}{10}\frac{3}{100}}{\frac{23}{1000}} = \frac{9}{23}$$

例題 6.5

箱の中に 7 枚のカードがあり，それぞれ 1 から 7 までの数字が 1 つずつかかれている．この中からカードを 1 枚取り出し，もとに戻すことを n 回繰り返す．このとき取り出したカードにかかれていた数字の合計が偶数である確率を p_n とする．次の問いに答えよ．

(1) p_1 を求めよ． (2) p_{n+1} と p_n の関係式を求めよ．

(3) p_n を求めよ．

解 (1) $p_1 = \dfrac{3}{7}$

(2) 取り出した n 枚目までのカードの数字の合計を X_n とかくと，X_{n+1} が偶数になるのは X_n が偶数で $n+1$ 枚目が偶数の場合と，X_n が奇数で $n+1$ 枚目が奇数の場合の 2 つの場合だけなのでこれより次の関係式が導かれる．

$$p_{n+1} = p_n \cdot \frac{3}{7} + (1 - p_n) \cdot \frac{4}{7} \iff p_{n+1} = -\frac{p_n}{7} + \frac{4}{7}$$

(3) (2) より
$$p_{n+1} - \frac{1}{2} = -\frac{1}{7}\left(p_n - \frac{1}{2}\right)$$
これより，$n \geqq 1$ のとき
$$p_n - \frac{1}{2} = -\frac{1}{14}\left(-\frac{1}{7}\right)^{n-1} \iff p_n = \frac{1}{2}\left\{1 + \left(-\frac{1}{7}\right)^n\right\} \blacksquare$$

---

31 4人でじゃんけんをしたとき，次の確率を求めよ．
(1) 1人だけが勝つ確率　(2) あいこになる確率

32 さいころを 50 回振るとき，1 の目が出る回数について，その確率が最も大きくなる回数を求めよ．

33 ある高等専門学校の 4 年生の男女の学生数の比は 3：1 であり，男子の 40%，女子の 50% が進学希望者であるという．次の確率を求めよ．
(1) 1人の学生を選んだとき，その学生が進学希望者である確率
(2) 進学希望者を 1 人選んだとき，それが女子である確率

34 原点 O から出発して数直線上を動く点 P がある．点 P は 1 枚の硬貨を投げて表が出れば，正の方向に 1 だけ進み，裏が出れば動かない．点 P の座標を X とするとき，次の確率を求めよ．
(1) 硬貨を 3 回投げて初めて $X = 2$ となる確率 p_3
(2) 硬貨を n 回投げて初めて $X = 2$ となる確率 p_n

35 1 個のさいころを繰返し n 回振って，出た目の数をすべて掛け合わせた数を X_n とする．次の確率を求めよ．
(1) X_n が 3 で割り切れる確率 p_n
(2) X_n が 6 で割り切れる確率 q_n

36 赤玉 1 個と白玉 2 個が入った袋 A と白玉 4 個だけが入っている袋 B がある．2 つの袋から同時に 1 個ずつ玉を取り出して互いに相手の袋に入れる．この操作を n 回繰り返した後に，袋 A に赤玉が入っている確率を p_n とする．次の確率を求めよ．
(1) p_1　(2) p_2　(3) p_n

第6章　確率・統計

37 赤玉 5 個と白玉 3 個が入った袋から A, B の 2 人が A から始めて交互に玉を取り出す．一度取り出した玉は戻さないとする．先に白玉を取り出した者を勝ちとする．A, B それぞれが勝つ確率 p_A, p_B を求めよ．

38 ある会社は，A, B, C の 3 社から 1 : 2 : 3 の割合で製品を購入している．製品の中には不良品が A 社では 4%，B 社では 2%，C 社では 1%，含まれていることが知られている．購入した全製品の中から任意に 1 個取り出したとき，次の確率を求めよ．
(1) それが不良品である確率
(2) 不良品であったとき，それが B 社の製品である確率

39 1, 2, 3, 4, 5, 6, 7 の 7 個の数字が 1 つずつかいてある 7 枚のカードがある．これから 4 枚取り出して一列に並べて 4 桁の整数 N を作る．
(1) N が偶数である確率を求めよ．
(2) $2000 \leqq N \leqq 5000$ である確率を求めよ．
(3) N が 18 の倍数である確率を求めよ．
(4) N の千の位の数字が 1 である事象と N が偶数である事象は独立かどうか答えよ．

📢 解くまえに　(3)「正の整数が 9 の倍数 $\iff$ 各位の数の和が 9 の倍数」．これを用いて，4 枚のカードの組を定める．その後，偶数になる並べ方の数を数える．

40 原点 O から出発して座標平面上を動く点 P がある．点 P は 1 個のさいころを振って，1, 2, 3 のいずれかの目が出ると x 軸方向に +1 移動し，4, 5 のいずれかの目が出ると y 軸方向に +1 移動するが，6 の目が出ると移動しない．次の確率を求めよ．
(1) さいころを 5 回振り終えたとき，点 P が点 (2, 3) にある確率
(2) さいころを 8 回振り終えたとき，点 P が点 (4, 2) にある確率

41 A, B の 2 人がさいころを交互に振る．最初に 1 の目を出した者が勝ちとする．A から振り始めるとするとき，A, B それぞれが勝つ確率 p_A, p_B を求めよ．

6.3 確率分布

離散型確率変数 試行の結果によって取り得る値が定まり，その値をとる確率が定まっている変数を**確率変数**という．確率変数がとびとびの値をとるとき，**離散型確率変数**という．確率変数 X の値とその値をとる確率との対応を X の**確率分布**という．離散型確率変数 X の確率分布が $P(X = x_i) = p_i \quad (i = 1, 2, \ldots, n)$ であるとき，次が成り立つ．

$$p_i \geqq 0 \quad (i = 1, 2, \ldots, n), \quad \sum_{i=1}^{n} p_i = 1$$

連続型確率変数 実数全体で定義された変量 X について，ある負でない値をとる関数 $f(x)$ が存在して X が不等式 $a \leqq X \leqq b$ を満たす確率が

$$P(a \leqq X \leqq b) = \int_a^b f(x)\,dx$$

で表されるとき，X を**連続型確率変数**といい，$f(x)$ を X の**確率密度関数**という．確率密度関数 $f(x)$ は次を満たす．

$$f(x) \geqq 0, \quad \int_{-\infty}^{\infty} f(x)\,dx = 1$$

確率変数の平均（期待値） 確率変数 X の**平均**または**期待値** $E[X]$ は

(1) 離散型のとき， $E[X] = \displaystyle\sum_{i=1}^{n} x_i p_i$

(2) 連続型のとき， $E[X] = \displaystyle\int_{-\infty}^{\infty} x f(x)\,dx$

確率変数の関数の平均 X を確率変数とし，$\varphi(x)$ を x の関数とするとき，$\varphi(X)$ も確率変数となる．このとき $\varphi(X)$ の平均 $E[\varphi(X)]$ が次のように定義される．

(1) 離散型のとき， $E[\varphi(X)] = \displaystyle\sum_{i=1}^{n} \varphi(x_i) p_i$

(2) 連続型のとき， $E[\varphi(X)] = \displaystyle\int_{-\infty}^{\infty} \varphi(x) f(x)\,dx$

分散と標準偏差　X を確率変数とし，$E[X] = m$ とするとき，X の分散 $V[X]$ と標準偏差 $S[X]$ を次のように定義する．

$$V[X] = E[(X-m)^2], \quad S[X] = \sqrt{V[X]}$$

特に

(1) 離散型のとき，　$V[X] = \sum_{i=1}^{n}(x_i - m)^2 p_i$

(2) 連続型のとき，　$V[X] = \int_{-\infty}^{\infty}(x - m)^2 f(x)\,dx$

分散に関する公式　X を確率変数とするとき，次が成り立つ．

$$V[X] = E[X^2] - (E[X])^2$$

1次式の平均，分散　X を確率変数とし，a, b を定数とするとき，次が成り立つ．

$$E[aX + b] = aE[X] + b, \quad V[aX + b] = a^2 V[X], \quad S[aX + b] = |a|S[X]$$

二項分布　1回の試行で事象 A が起こる確率が p であるとする．この試行を n 回繰り返したとき，事象 A が起こる回数を X とすると X の確率分布は

$$P(X = k) = {}_n C_k\, p^k (1-p)^{n-k} \quad (k = 0, 1, 2, \ldots, n)$$

で与えられる．この確率分布を**二項分布** $B(n, p)$ という．確率変数 X が二項分布 $B(n, p)$ にしたがうとき，その平均と分散は次式で与えられる．

$$E[X] = np, \quad V[X] = npq \quad (ただし, q = 1 - p)$$

ポアソン分布　確率変数 X の確率分布が正の定数 λ を用いて

$$P(X = k) = \frac{\lambda^k}{k!} e^{-\lambda} \quad (k = 0, 1, 2, \ldots)$$

で与えられるとき，X の確率分布を平均 m，標準偏差 σ の**ポアソン分布**といい，記号 $Po(\lambda)$ で表す．ポアソン分布 $Po(\lambda)$ の平均と分散はどちらも λ である．

正規分布　確率変数 X の確率密度関数 $f(x)$ が定数 m と正の定数 σ を用いて

$$f(x) = \frac{1}{\sqrt{2\pi}\,\sigma} \exp\left\{-\frac{(x-m)^2}{2\sigma^2}\right\}$$

で与えられるとき，X の確率分布を平均 m，標準偏差 σ の**正規分布** $N(m, \sigma^2)$ という．特に平均が 0，分散が 1 の正規分布 $N(0,1)$ を**標準正規分布**という．

正規分布の標準化　確率変数 X が正規分布 $N(m, \sigma^2)$ にしたがうとき，$Z = \dfrac{X - m}{\sigma}$ は標準正規分布 $N(0,1)$ にしたがう．この Z を X の**標準化**という．

標準正規分布の上側 α 点　確率変数 Z が標準正規分布 $N(0,1)$ にしたがうとき

$$P(Z \geqq z(\alpha)) = \alpha$$

となる $z(\alpha)$ を標準正規分布の**上側 α 点**または**上側 $100\alpha\%$ 点**という．

二項分布の正規分布による近似　確率変数 X が二項分布 $B(n,p)$ にしたがうとする．自然数 n が十分大きいとき，X は近似的に正規分布 $N(np, npq)$ にしたがう．ただし，$q = 1 - p$ とする．このとき $Z = \dfrac{X - np}{\sqrt{npq}}$ は標準正規分布にしたがうとしてよく，0 以上 n 以下の自然数 a, b について，次の式が成り立つ．

$$P(a \leqq X \leqq b) \fallingdotseq P\left(\dfrac{a - 0.5 - np}{\sqrt{npq}} \leqq Z \leqq \dfrac{b + 0.5 - np}{\sqrt{npq}} \right)$$

A

42 100 本のくじの中に 100 円の当たりくじが 3 本，20 円の当たりくじが 7 本入っている．このとき次の場合に当たりの合計金額の期待値を求めよ．

◀教例 6.9

(1) くじを 1 本引く　　(2) くじを 2 本同時に引く

43 2 つのさいころを同時に振って出る目のうち，小さくない方の数を X とするとき，次の問いに答えよ．　　◀教問 6.18

(1) X の確率分布表を作れ．　　(2) X の平均と分散を求めよ．

44 白玉 4 個と赤玉 5 個が入っている袋から同時に 4 個取り出すとき，この中の赤玉の個数を X とする．次の問いに答えよ．　　◀教問 6.18

(1) X の確率分布表を作れ．　　(2) X の平均と分散を求めよ．

45 25%の不良品を含む大量の製品の中から無作為に2個取り出すとき，その中の不良品の個数を X とする．次の問いに答えよ．

(1) X の確率分布表を作れ．　　(2) X の平均と分散を求めよ．

46 確率変数 X が次の二項分布にしたがうとき，X の平均と分散を求めよ．

(1) $B\left(10, \dfrac{1}{2}\right)$　　(2) $B\left(50, \dfrac{3}{4}\right)$　　(3) $B\left(36, \dfrac{1}{6}\right)$

47 1つのさいころを振って3の倍数の目が出れば100円もらえ，それ以外の目が出れば10円支払うとする．これを72回繰り返したとき，3の倍数の出た回数を X とし，もらったり支払ったりしたお金の合計金額を Y 円とする（支払ったときは負の金額として合計する）．次の問いに答えよ．

(1) X の確率分布はどのような分布か，答えよ．
(2) X の平均と分散と標準偏差を求めよ．
(3) Y の平均と分散と標準偏差を求めよ．

48 a は正の定数とする．X の確率密度関数が

$$f(x) = \begin{cases} a & (0 \leqq x \leqq 3) \\ 0 & (x < 0 \text{ または } 3 < x) \end{cases}$$

で与えられるとき，次の問いに答えよ．

(1) 定数 a の値を求めよ．　　(2) 確率 $P(X \leqq 2)$ を求めよ．
(3) X の平均 $E[X]$ と分散 $V[X]$ を求めよ．

49 k は正の定数とする．X の確率密度関数が

$$f(x) = \begin{cases} kx & (0 \leqq x \leqq 6) \\ 0 & (x < 0 \text{ または } 6 < x) \end{cases}$$

で与えられるとき，次の値を求めよ．

(1) 定数 k　　(2) 確率 $P(3 \leqq X \leqq 5)$
(3) X の平均 $E[X]$ と分散 $V[X]$
(4) $Y = 6X - 5$ のとき，Y の平均 $E[Y]$ と分散 $V[Y]$

6.3 確率分布

50 確率変数 Z が標準正規分布 $N(0,1)$ にしたがうとき，次の確率を求めよ．

◀教問 6.28

(1) $P(0 \leqq Z \leqq 1.6)$ (2) $P(-0.7 \leqq Z \leqq 1.6)$
(3) $P(|Z| \geqq 2)$ (4) $P(Z \leqq -1.37)$

51 確率変数 X が正規分布 $N(18, 25)$ にしたがうとき，次の確率を求めよ．

◀教問 6.29

(1) $P(12 \leqq X \leqq 20)$ (2) $P(X \geqq 15)$
(3) $P(X \leqq 10)$ (4) $P(|X - 18| \leqq 3.9)$

52 確率変数 X が正規分布 $N(10, 2.25)$ にしたがうとき，次の等式が成り立つような実数 k の値を求めよ．

◀教問 6.29

(1) $P(8.5 \leqq X \leqq k) = 0.5041$ (2) $P(X \geqq k) = 0.9032$
(3) $P(7.9 \leqq X \leqq k) = 0.2069$ (4) $P(|X - 10| \leqq k) = 0.5762$

53 硬貨を 400 回投げて表の出る回数を X とする．次の値を求めよ．

◀教問 6.30, 問 6.31

(1) X の平均 $E[X]$ と分散 $V[X]$ と標準偏差 $S[X]$
(2) 確率 $P(190 \leqq X \leqq 200)$ (3) 確率 $P(X \geqq 220)$

54 ある工場で生産される部品のうち，10%は不良品であるという．この部品の中から 1600 個を無作為に取り出し，その中に含まれている不良品の数を X とする．次の値を求めよ．

◀教問 6.30, 問 6.31

(1) X の平均 $E[X]$ と分散 $V[X]$ (2) 確率 $P(X \geqq 171)$
(3) 確率 $P(151 \leqq X \leqq 165)$

B

例題 6.6 λ を正の定数とする．確率変数の X の取り得る値が非負整数値 $k = 0, 1, 2, 3, \ldots$ で，各値をとる確率が

$$P(X = k) = \frac{\lambda^k}{k!} e^{-\lambda}$$

であるような確率分布をポアソン分布 $Po(\lambda)$ という．このポアソン分布について次のことを示せ．
(1) この分布が確率分布になっていることを示せ．
(2) X の平均 $E[X]$ と分散 $V[X]$ を求めよ．
(3) ある工場の製品は不良品の割合が 0.002 であることがわかっている．この工場の製品を 1000 個無作為に取り出したとき，不良品の個数を X とすると，X は近似的にポアソン分布 $Po(2)$ にしたがうことがわかっている．不良品の数が 2 個以下である確率 $P(X \leqq 2)$ を求めよ．
(4) (3) の確率 $P(X \leqq 2)$ を二項分布を用いて求めよ．

解 (1) マクローリン展開 $e^x = \sum_{k=0}^{\infty} \dfrac{x^k}{k!} = 1 + x + \dfrac{x^2}{2!} + \cdots$ を用いると

$$\sum_{k=0}^{\infty} P(X=k) = \left(\sum_{k=0}^{\infty} \dfrac{\lambda^k}{k!} \right) e^{-\lambda} = e^{\lambda} e^{-\lambda} = 1$$

となり，確率分布であることが確かめられた $\left(P(X=k) = \dfrac{\lambda^k}{k!} e^{-\lambda} > 0 \text{ は明らか} \right)$．

(2) $E[X] = \sum_{k=0}^{\infty} k P(X=k) = \left(\sum_{k=0}^{\infty} k \cdot \dfrac{\lambda^k}{k!} \right) e^{-\lambda}$

$= \lambda \left\{ \sum_{k=1}^{\infty} \dfrac{\lambda^{k-1}}{(k-1)!} \right\} e^{-\lambda} = \lambda e^{\lambda} e^{-\lambda} = \lambda$

$E[X^2] = \sum_{k=0}^{\infty} k^2 P(X=k) = \sum_{k=0}^{\infty} k(k-1) P(X=k) + \sum_{k=0}^{\infty} k P(X=k)$

$= \left\{ \sum_{k=0}^{\infty} k(k-1) \dfrac{\lambda^k}{k!} \right\} e^{-\lambda} + E[X] = \lambda^2 \left\{ \sum_{k=2}^{\infty} \dfrac{\lambda^{k-2}}{(k-2)!} \right\} e^{-\lambda} + \lambda$

$= \lambda^2 e^{\lambda} e^{-\lambda} + \lambda = \lambda^2 + \lambda$

よって

$$V[X] = E[X^2] - (E[X])^2 = \lambda^2 + \lambda - \lambda^2 = \lambda$$

(3) 求める確率は

$$P(X \leqq 2) = \left(1 + \dfrac{2}{1!} + \dfrac{2^2}{2!} \right) e^{-2} = 5 e^{-2} \fallingdotseq 0.676676416$$

(4) X は二項分布 $B(1000, 0.002)$ にしたがう. $p = 0.002$ とおくと,求める確率は

$$P(X \leqq 2) = {}_{1000}\mathrm{C}_0 (1-p)^{1000} + {}_{1000}\mathrm{C}_1 p(1-p)^{999} + {}_{1000}\mathrm{C}_2 p^2 (1-p)^{998}$$
$$= (1-p)^{1000} + 1000 \cdot p(1-p)^{999} + 500 \cdot 999 \cdot p^2 (1-p)^{998}$$
$$= 4.990004(1-p)^{998} \fallingdotseq 0.676676506 \quad \blacksquare$$

例題 6.7 k は正の定数とする. X の確率密度関数が
$$f(x) = \begin{cases} k(4 - x^2) & (|x| \leqq 2) \\ 0 & (|x| \geqq 2) \end{cases}$$
で与えられるとき,次の値を求めよ.

(1) 定数 k
(2) 確率 $P(0 \leqq X \leqq 1)$
(3) X の平均 $E(X)$ と分散 $V(X)$

解 (1) $1 = \displaystyle\int_{-\infty}^{\infty} f(x)\,dx = 2\int_0^2 f(x)\,dx = 2k\left[4x - \frac{x^3}{3}\right]_0^2 = \frac{32}{3}k$

より $k = \dfrac{3}{32}$

(2) $P(0 \leqq X \leqq 1) = \dfrac{3}{32}\displaystyle\int_0^1 (4 - x^2)\,dx = \dfrac{3}{32}\left[4x - \dfrac{x^3}{3}\right]_0^1 = \dfrac{3}{32} \cdot \dfrac{11}{3} = \dfrac{11}{32}$

(3) 関数 $xf(x)$ は奇関数で,$x^2 f(x)$ は偶関数であるから

$$E[X] = \int_{-\infty}^{\infty} xf(x)\,dx = 0$$

$$E[X^2] = \int_{-\infty}^{\infty} x^2 f(x)\,dx = 2k \int_0^2 x^2 (4 - x^2)\,dx$$
$$= \frac{3}{16}\left[\frac{4x^3}{3} - \frac{x^5}{5}\right]_0^2 = \frac{4}{5}$$

よって $V[X] = E[X^2] - (E[X])^2 = \dfrac{4}{5} - 0^2 = \dfrac{4}{5} \quad \blacksquare$

第6章 確率・統計

55 次の場合について確率変数 X の確率分布表をかき，平均 $E[X]$ と分散 $V[X]$ を求めよ．

(1) 大小2つのさいころを振って出た目の数の積を4で割った余り X

(2) 大小2つのさいころを振って出た目の数の差 X

56 n を2以上の自然数とする．袋の中に $1, 2, \ldots, n$ とかかれたボールが1つずつある．ここから2個取り出して，出た順にその数字を X, Y とする．X と Y の大きい方を Z とする．以下の値を求めよ． （長岡技大）

(1) $k = 1, 2, \ldots, n$ に対して確率 $P(X = k)$，および期待値 $E[X]$

(2) $k = 1, 2, \ldots, n$ に対して確率 $P(Z = k)$，および期待値 $E[Z]$

57 a は正の定数とする．X の確率密度関数が

$$f(x) = \begin{cases} a(3 - |x|) & (|x| \leqq 3) \\ 0 & (|x| \geqq 3) \end{cases}$$

で与えられるとき，次の値を求めよ．

(1) 定数 a　　(2) 確率 $P(1 \leqq X \leqq 2)$

(3) X の平均 $E[X]$ と分散 $V[X]$

58 ポアソン分布を用いて次の確率を求めよ．

(1) ある工場で生産される製品には，0.3%の不良品が含まれている．この製品を200個買ったとき，不良品が1個以上含まれる確率

(2) 1時間に平均5回のアクセスがあるサイトがある．このサイトに1時間に2回アクセスがある確率

59 確率変数 X が正規分布 $N(10, 9)$ にしたがうとき，次の等式を満たす k の値を求めよ．巻末の逆正規分布表（付表2）を用いてよい．

(1) $P(X \leqq k) = 0.05$　　(2) $P(|X - 10| \geqq k) = 0.02$

60 2枚の硬貨を同時に投げる試行を300回繰り返したとき，2枚とも表になる回数を X とする．次の値を求めよ．

(1) X の平均と分散　　(2) 確率 $P(X \geqq 89)$

(3) $P(X \leqq n) \leqq 0.03$ となる最大の自然数 n

6.4 多次元確率分布・標本分布

離散型 2 次元確率分布 　離散型確率変数 X, Y はそれぞれ $X = x_i$ ($1 \leq i \leq m$), $Y = y_j$ ($1 \leq j \leq n$) をとるとする．このとき $X = x_i$ で $Y = y_j$ となる確率がすべての (i, j) について
$$P(X = x_i, Y = y_j) = p_{ij}$$
で与えられているとする．これを (X, Y) の**同時確率分布**という．p_{ij} は次の式を満たす．
$$p_{ij} \geq 0 \quad (1 \leq i \leq m,\ 1 \leq j \leq n), \quad \sum_{i=1}^{m}\sum_{j=1}^{n} p_{ij} = 1$$
このとき次式で定まる X と Y の確率分布
$$P(X = i) = \sum_{j=1}^{n} p_{ij}, \quad P(Y = j) = \sum_{i=1}^{m} p_{ij}$$
をそれぞれ $X,\ Y$ の**周辺分布**という．

連続型 2 次元確率分布 　平面全体で定義された実数値関数 $f(x, y)$ が存在して連続な実数値をとる変量 (X, Y) が平面の領域 D にある確率が
$$P((x, y) \in D) = \iint_D f(x, y)\, dxdy$$
で表されるとき，(X, Y) を**連続型 2 次元確率変数**といい，$f(x, y)$ を (X, Y) の**同時確率密度関数**という．$f(x, y)$ は次の式を満たす
$$f(x, y) \geq 0, \quad \int_{-\infty}^{\infty}\int_{-\infty}^{\infty} f(x, y)\, dxdy = 1$$
さらに
$$f_1(x) = \int_{-\infty}^{\infty} f(x, y)\, dy$$
$$f_2(y) = \int_{-\infty}^{\infty} f(x, y)\, dx$$
を，それぞれ $X,\ Y$ の**周辺確率密度関数**といい，$f_1(x),\ f_2(y)$ を確率密度関数とする $X,\ Y$ の確率分布を**周辺分布**という．

確率変数の独立
確率変数 X, Y は次のとき，**互いに独立である**という．
$$P(X=i, Y=j) = P(X=i)P(Y=j) \quad (X, Y：離散型)$$
$$f(x,y) = f_1(x)f_2(y) \quad (X, Y：連続型)$$

2次元確率変数の関数の平均
(X, Y) を2次元確率変数とし，$\varphi(x, y)$ を関数とするとき，確率変数 $\varphi(X, Y)$ の**期待値**（または**平均**）$E[\varphi(X, Y)]$ を次のように定義する．
$$E[\varphi(X,Y)] = \sum_{i=1}^{m}\sum_{j=1}^{n} \varphi(x_i, y_j) p_{ij} \quad (X, Y：離散型)$$
$$E[\varphi(X,Y)] = \int_{-\infty}^{\infty}\int_{-\infty}^{\infty} \varphi(x,y) f(x,y)\, dxdy \quad (X, Y：連続型)$$

共分散・相関係数
(X, Y) を2次元確率変数とし，$E[X] = m_X$, $E[Y] = m_Y$ とする．X, Y の**共分散** $\mathrm{Cov}[X, Y]$ および**相関係数** $\rho[X, Y]$ を
$$\mathrm{Cov}[X, Y] = E[(X - m_X)(Y - m_Y)]$$
$$\rho[X, Y] = \frac{\mathrm{Cov}[X, Y]}{S[X]S[Y]}$$
で定義する．ここで $S[X] = \sqrt{V[X]}$, $S[Y] = \sqrt{V[Y]}$ はそれぞれ X, Y の標準偏差である．

平均と分散に関する公式
(X, Y) を2次元確率変数とし，a, b, c を定数とするとき，次の公式が成立つ．
(1) $E[aX + bY + c] = aE[X] + bE[Y] + c$
(2) $V[X] = E[X^2] - m_X^2$, $\mathrm{Cov}[X, Y] = E[XY] - m_X m_Y$
(3) X, Y が**互いに独立**であるとき
$E[XY] = E[X]E[Y]$,
$V[aX + bY + c] = a^2 V[X] + b^2 V[Y]$

母数
母集団におけるある変量 X の確率分布を**母集団分布**という．母集団での X の平均，分散，標準偏差をそれぞれ**母平均**，**母分散**，**母標準偏差**といい，これらをまとめて**母数**という．

6.4 多次元確率分布・標本分布

統計量 母集団から無作為抽出された大きさ n の標本を $X_1, X_2, \ldots, X_n$ とするとき，これらの標本から計算してえられる平均や分散などを**統計量**という．統計量がしたがう確率分布を**標本分布**という．次の統計量がよく用いられる．

(1) **標本平均** $\overline{X} = \dfrac{1}{n}\sum_{i=1}^{n} X_i$

(2) **標本分散** $S^2 = \dfrac{1}{n}\sum_{i=1}^{n}(X_i - \overline{X})^2$

標本平均の期待値と分散 母平均が m，母分散が σ^2 である母集団から大きさ n の無作為標本をとり，その標本平均を $\overline{X}$ とすると次が成り立つ．

$$E[\overline{X}] = m, \quad V[\overline{X}] = \frac{\sigma^2}{n}$$

不偏分散 母分散が σ^2 である母集団から大きさ n の無作為標本をとり，その標本分散を S^2 とすると

$$E[S^2] = \frac{n-1}{n}\sigma^2$$

が成り立つ．

$$U^2 = \frac{n}{n-1}S^2$$
$$= \frac{1}{n-1}\sum_{i=1}^{n}(X_i - \overline{X})^2$$

を**不偏分散**といい

$$E[U^2] = \sigma^2$$

が成り立つ．

正規分布の再生性 a_1, a_2, c を定数とし，互いに独立な確率変数 X_1, X_2 がそれぞれ正規分布 $N(m_1, \sigma_1{}^2), N(m_2, \sigma_2{}^2)$ にしたがうとする．このとき $a_1 X_1 + a_2 X_2 + c$ は正規分布 $N(a_1 m_1 + a_2 m_2 + c, a_1{}^2 \sigma_1{}^2 + a_2{}^2 \sigma_2{}^2)$ にしたがう．

正規母集団の標本平均 正規分布にしたがう母集団を**正規母集団**という．正規母集団 $N(m, \sigma^2)$ から抽出した大きさ n の無作為標本の平均 $\overline{X}$ は正規分布 $N\left(m, \dfrac{\sigma^2}{n}\right)$ にしたがう．

第6章 確率・統計

中心極限定理 母平均が m, 母分散が σ^2 である母集団から無作為抽出した大きさ n の標本の標本平均 $\overline{X}$ は n が十分大きいとき, 近似的に正規分布 $N\left(m, \dfrac{\sigma^2}{n}\right)$ にしたがう.

二項母集団の標本比率の分布 母比率 p の二項母集団における大きさ n の無作為標本の**標本比率**を $\widehat{P}$ とおく. n が十分に大きいとき

$$Z = \frac{\widehat{P} - p}{\sqrt{\dfrac{p(1-p)}{n}}}$$

は近似的に標準正規分布 $N(0,1)$ にしたがう.

χ^2 分布 n 個の確率変数 $X_1, X_2, \ldots, X_n$ は互いに独立で, いずれも標準正規分布 $N(0,1)$ にしたがうとする. このとき確率変数 $X = X_1^2 + X_2^2 + \cdots + X_n^2$ がしたがう確率分布を**自由度 n の χ^2 分布**という. 確率変数 X が自由度 n の χ^2 分布にしたがうとき, 不等式 $P(X \geqq k) = \alpha$ を満たす k の値を $\chi_n^2(\alpha)$ とかき, これを自由度 n の χ^2 分布の**上側 α 点**または**上側 100α % 点**という.

χ^2 分布にしたがう統計量 正規母集団 $N(m, \sigma^2)$ から抽出した大きさ n の無作為標本 $X_1, X_2, \ldots, X_n$ の標本平均を $\overline{X}$, 標本分散を S^2 とするとき

$$X = \sum_{i=1}^{n} \left(\frac{X_i - \overline{X}}{\sigma}\right)^2 = \frac{nS^2}{\sigma^2}$$

は自由度 $n-1$ の χ^2 分布にしたがう.

t 分布 確率変数 Z は標準正規分布 $N(0,1)$ にしたがい, 確率変数 X は自由度 n の χ^2 分布にしたがっているとする. さらに Z と X は互いに独立であるとする. このとき

$$T = \frac{Z}{\sqrt{\dfrac{X}{n}}}$$

がしたがう分布を**自由度 n の t 分布**という. 自由度 n の t 分布の確率分布関数は偶関数であり, 特に $P(|T| \geqq k) = \alpha$ を満たす k の値を $t_n(\alpha)$ とかき, これを自由度 n の t 分布の**両側 α 点**または**両側 100α % 点**という.

t 分布にしたがう統計量
正規母集団 $N(m,\sigma^2)$ から抽出した大きさ n の無作為標本の標本平均を $\overline{X}$, 不偏分散を U^2 とするとき
$$T = \frac{\overline{X}-m}{\frac{U}{\sqrt{n}}}$$
は自由度 $n-1$ の t 分布にしたがう．

A

61 2次元確率変数 (X,Y) の同時確率分布が表で与えられている．次の問いに答えよ． ◀教例 6.15, 例 6.17

(1) X, Y の周辺分布を求めよ．
(2) X, Y は互いに独立か．
(3) 平均 $E[X], E[Y], E[XY]$ を求めよ．
(4) $X+Y$ の分散 $V[X+Y]$ を求めよ．

X \ Y	-2	3
1	$\frac{3}{10}$	$\frac{1}{10}$
4	$\frac{2}{10}$	$\frac{4}{10}$

62 a, b を正の定数とする．X, Y の同時確率密度関数が
$$f(x,y) = \begin{cases} x^2 + axy & (0 \leqq x \leqq 1,\ 0 \leqq y \leqq 2) \\ 0 & (\text{上記以外の領域}) \end{cases}$$
で与えられている．次の問いに答えよ． ◀教例 6.16

(1) 定数 a の値を求めよ．　(2) X, Y の周辺分布を求めよ．
(3) X, Y は互いに独立か．　(4) 平均 $E[X], E[Y], E[XY]$ を求めよ．
(5) 分散 $V[X], V[Y], V[X+Y]$ を求めよ．

63 $1, 2, 3$ の数字が1つずつかかれた3枚のカードから2枚のカードを順に引くとき，1枚目のカードにかかれた数字を X, 2枚目にかかれた数字を Y とする．カードはよく混ぜてあるとし，引いたカードはもとに戻さないとする．次の問いに答えよ． ◀教例 6.15, 例 6.17

(1) (X, Y) の同時確率分布を表にせよ．
(2) X, Y は互いに独立か．　(3) X と Y の周辺分布を求めよ．
(4) 平均 $E[X], E[Y], E[XY]$ を求めよ．
(5) 分散 $V[X], V[Y], V[X+Y]$ を求めよ．

64 さいころを 10 回振って出た目の数の平均を $\overline{X}$ とする．$\overline{X}$ の期待値 $E[\overline{X}]$ と分散 $V[\overline{X}]$ を求めよ．

65 硬貨を 6 回投げて表の出た回数を X とし，この試行を 8 回行ったときの X の標本平均を $\overline{X}$ とする．$\overline{X}$ の期待値 $E[\overline{X}]$ と分散 $V[\overline{X}]$ を求めよ．

66 確率変数 X, Y は互いに独立で，X は正規分布 $N(7, 3^2)$ にしたがい，Y は正規分布 $N(11, 4^2)$ にしたがうとする．次の問いに答えよ．
(1) $X + Y$ はどのような確率分布にしたがうか答えよ．
(2) $X + Y \geqq 27$ となる確率を求めよ．

67 正規母集団 $N(40, 24)$ から大きさ 6 の無作為標本をとり，その標本平均を $\overline{X}$ とする．次の確率を求めよ．
(1) $P(37 \leqq \overline{X} \leqq 41.6)$ (2) $P(\overline{X} \leqq 35)$

68 ある都市の男子高校生の走り幅とびの平均は 421 cm，標準偏差は 60 cm であるという．この都市の男子高校生を無作為に 100 人選び，走り幅とびの測定を行った結果，その平均が 430 cm 以上になる確率を求めよ．

69 ある県における内閣の支持率は 0.3 であることがわかっている．この県において 2100 人を無作為に選んだとき，その標本支持率が 0.28 以下になる確率を求めよ．

70 確率変数 (X, Y) において，X, Y は互いに独立でその周辺分布が
$$P(X = 1) = 0.2, \ P(X = 2) = 0.5, \ P(X = 3) = 0.3,$$
$$P(Y = 1) = 0.4, \ P(Y = 3) = 0.6$$
であるとする．次の問いに答えよ．
(1) (X, Y) の同時確率分布を表にせよ．
(2) $V[X + Y]$ を求めよ．
(3) 確率 $P(3X + Y \leqq 7.5)$ を求めよ．

6.4 多次元確率分布・標本分布

71 X が自由度 14 の χ^2 分布にしたがうとき,次の確率を求めよ. ◀教例 6.21
(1) $P(X \geqq 13.34)$ (2) $P(X \leqq 7.790)$
(3) $P(5.629 \leqq X \leqq 23.68)$

72 正規母集団 $N(8,10)$ から抽出した大きさ 20 の無作為標本の標本分散 S^2 が 15.07 より大きくなる確率を求めよ. ◀教 6.35

73 T が自由度 8 の t 分布にしたがうとき,次の確率を求めよ. ◀教問 6.41
(1) $P(|T| \geqq 2.896)$ (2) $P(T > 1.108)$
(3) $P(-1.397 < X < 3.355)$

B

例題 6.8 2 次元確率変数 (X,Y) について (X,Y) の共分散 $\mathrm{Cov}[X,Y]$ と相関係数 $\rho[X,Y]$ を

$$\mathrm{Cov}[X,Y] = E[(X-m_X)(Y-m_Y)]$$

$$\rho[X,Y] = \frac{\mathrm{Cov}[X,Y]}{\sigma_X \sigma_Y}$$

と定める.ここで m_X, m_Y はそれぞれ X, Y の期待値 $E[X], E[Y]$ を表し, σ_X, σ_Y はそれぞれ X, Y の標準偏差 $S[X], S[Y]$ を表す.次の問いに答えよ.
(1) $\mathrm{Cov}[X,Y] = E[XY] - E[X]E[Y]$ を示せ.
(2) $V[X+Y] = V[X] + 2\mathrm{Cov}[X,Y] + V[Y]$ を示せ.
(3) X, Y が互いに独立であるとき,$V[X+Y] = V[X] + V[Y]$ を示せ.
(4) $-1 \leqq \rho[X,Y] \leqq 1$ を示せ.

解 (1) $\mathrm{Cov}[X,Y] = E[(X-m_X)(Y-m_Y)]$
$= E[XY - m_X Y - m_Y X + m_X m_Y]$
$= E[XY] - m_X E[Y] - m_Y E[X] + m_X m_Y$
$= E[XY] - m_X m_Y - m_X m_Y + m_X m_Y$
$= E[XY] - m_X m_Y$

(2)　$E[X+Y] = E[X] + E[Y] = m_X + m_Y$ であるから
$$V[X,Y] = E[\{(X+Y) - (m_X + m_Y)\}^2]$$
$$= E[\{(X - m_X) + (Y - m_Y)\}^2]$$
$$= E[(X - m_X)^2 + 2(X - m_X)(Y - m_Y) + (Y - m_Y)^2]$$
$$= E[(X - m_X)^2] + 2E[(X - m_X)(Y - m_Y)] + E[(Y - m_Y)^2]$$
$$= V[X] + 2\operatorname{Cov}[X,Y] + V[Y]$$

(3)　X, Y が互いに独立であるとき
$$E[XY] = E[X]E[Y] = m_X m_Y$$
が成り立つから，(1) の結果より
$$\operatorname{Cov}[X,Y] = 0$$
これと (2) の結果より
$$V[X+Y] = V[X] + V[Y]$$
が成り立つ．

(4)　$X^* = \dfrac{X - m_X}{\sigma_X}$, $Y^* = \dfrac{X - m_Y}{\sigma_Y}$ とおくと定義より
$$\rho[X,Y] = E[X^* Y^*]$$
が成立する．また
$$E[X^{*2}] = \frac{E[(X - m_X)^2]}{\sigma_X{}^2}$$
$$= V[X]\frac{1}{V[X]} = 1$$
が成り立ち，$E[Y^{*2}] = 1$ も成り立つ．$E[(X^* - Y^*)^2] \geqq 0$ であるから
$$E[(X^* - Y^*)^2] = E[X^{*2}] - 2E[X^* Y^*] + E[Y^{*2}]$$
$$= 2(1 - \rho[X,Y]) \geqq 0$$
これより，$\rho[X,Y] \leqq 1$ が成り立つ．同様な計算により
$$E[(X^* + Y^*)^2] \geqq 0$$
から $\rho[X,Y] \geqq -1$ が導かれる．■

6.4　多次元確率分布・標本分布

74 3個のさいころを同時に振る．以下の問いに答えよ．　（豊橋技術科学大学）
(1) 3個のさいころの目の数が 1, 2, 3 のいずれかであり，かつ，互いに異なっている確率を求め，既約分数で答えよ．
(2) 3個のうち，少なくとも2個のさいころの目の数が同じである確率を求め，既約分数で答えよ．
(3) 3個の目の数の和が6以上である確率を求め，既約分数で求めよ．
(4) 3個のさいころの目の数の和の期待値を求めよ．

75 n を3以上の自然数とする．n 本のくじの中に2本の当たりくじが含まれている．最初に A が1本くじを引き，次に B が1本くじを引く．引いたくじはもとに戻さないとする．A が引いた当たりくじの本数を X とし，B が引いた当たりくじの本数を Y とする．次の問いに答えよ．
(1) X, Y は互いに独立かどうか答えよ．
(2) $E[X], E[Y]$ を求めよ．
(3) 共分散 $\mathrm{Cov}[X, Y]$ と相関係数 $\rho[X, Y]$ を求めよ．

76 a, k を正の定数とする．X, Y の同時確率密度関数が式

$$f(x, y) = \begin{cases} \dfrac{2}{ab} & \left(0 \leqq x \leqq a,\ 0 \leqq y \leqq \dfrac{b}{a}x\right) \\ 0 & （上記以外の領域） \end{cases}$$

で与えられるとき，次の問いに答えよ．
(1) 平均（期待値）$E[X], E[Y], E[XY]$ を求めよ．
(2) X, Y は互いに独立かどうか．
(3) 分散 $V[X], V[Y]$ を求めよ．
(4) 共分散 $\mathrm{Cov}[X, Y]$ と相関係数 $\rho[X, Y]$ を求めよ．

77 確率変数 X, Y は互いに独立で，ともに同じ平均 m と同じ分散 σ^2 をもつとする．a, b を定数とするとき，次の問いに答えよ．ただし $m \neq 0, \sigma > 0$ とする．
(1) $E[aX + bY] = m$ であるとき，a, b の間に成り立つ関係式を求めよ．
(2) (1) の条件のもとで $V[aX + bY]$ が最小になるときの a, b の値を求めよ．

78 大小2つのさいころを振って出た目をそれぞれ a, b とし，行列 $A = \begin{pmatrix} 3 & a \\ b & 4 \end{pmatrix}$ を作る．以下の問いに答えよ． （長岡技術科学大学）

(1) A が対称行列になる確率を求めよ．
(2) A が正則行列になる確率を求めよ．
(3) 行列式 $|A|$ の期待値を求めよ．

79 確率変数 X, Y は互いに独立で，それぞれポアソン分布 $Po(\lambda), Po(\mu)$ にしたがうものとする．確率変数 $Z = X + Y$ とおくとき，Z の確率分布を求めよ．

80 次の問いに答えよ．

(1) m, n を正の整数とし，r を $0 \leqq r \leqq m+n$ を満たす整数とする．
$$(1+x)^m (1+x)^n = (1+x)^{m+n}$$
の両辺の x^r の係数を比べることによって次の等式
$$\sum_{k=0}^{r} {}_m C_k \ {}_n C_{r-k} = {}_{m+n} C_r$$
を証明せよ．ただし $q > p$ のとき，${}_p C_q = 0$ と定める．

(2) 確率変数 X, Y は互いに独立で，それぞれ二項分布 $B(m, p), B(n, p)$ にしたがうとき，確率変数 $Z = X + Y$ は二項分布 $B(m+n, p)$ にしたがうことを示せ．

81 ある養鶏場から出荷される卵の重さは平均 $63\,\mathrm{g}$，標準偏差 $6\,\mathrm{g}$ の正規分布にしたがっているという．この養鶏場の卵を無作為に 9 個取り出したとき，その平均の重さが $60\,\mathrm{g}$ に満たない確率を求めよ．

82 ある学年の定期試験において，国語と数学の成績がそれぞれ，正規分布 $N(63, 38), N(55, 62)$ にしたがっており，これらの成績は互いに独立であるとする．この学年の任意の学生の国語と数学の成績の平均を W とするとき，次の問いに答えよ．

(1) W はどのような分布にしたがうか．
(2) この学年の学生数を 160 名とするとき，$W \geqq 70$ である学生はおおよそ何名いると考えられるか．

83 確率変数 X, Y は互いに独立で，それぞれ正規分布 $N(2,6), N(1,1)$ にしたがっているとする．$Y > \dfrac{2}{5}X + 1.6$ となる確率を求めよ．

84 確率変数 X, Y は互いに独立で，X は正規分布 $N(5,4)$ にしたがい，Y は自由度 9 の χ^2 分布にしたがうとする．次の問いに答えよ．
(1) $T = \dfrac{3X - 15}{2\sqrt{Y}}$ はどのような分布にしたがうか．
(2) $3X - 15 < -4.524\sqrt{Y}$ となる確率を求めよ．

85 さいころを 105 回振ったとき，出る目の平均 $\overline{X}$ が $3.3 \leqq \overline{X} \leqq 3.7$ となる確率を求めよ．

86 正規母集団 $N(11, 8)$ から抽出した大きさ 16 の無作為標本の標本分散を S^2 とする．$P(S^2 \leqq k) = 0.95$ となる k を求めよ．

6.5 推定・検定

点推定と不偏推定量 母集団から標本調査によってえられた統計量の実際の値を**実現値**という．実現値から母数を推定することを**統計的推定**という．母数を1つの値によって推定することを**点推定**という．ある推定量の期待値が母数と一致するとき，この推定量を母数の**不偏推定量**という．標本平均は母平均の不偏推定量であり，不偏分散 U^2 は母分散の不偏推定量である．

母平均と母分散の不偏推定値 母集団から無作為抽出された n 個の標本の実現値を $x_1, x_2, \ldots, x_n$ とするとき

(1) 母平均の不偏推定値は，標本平均 $\overline{x} = \dfrac{1}{n}\sum_{i=1}^{n} x_i$

(2) 母分散の不偏推定値は，不偏分散 $u^2 = \dfrac{1}{n-1}\sum_{i=1}^{n}(x_i - \overline{x})^2 = \dfrac{n}{n-1}s^2$

正規母集団の母平均の区間推定（母分散が既知のとき） 母分散 σ^2 が既知の正規母集団 $N(m, \sigma^2)$ から抽出した大きさ n の標本平均の実現値を $\overline{x}$ とするとき，母平均 m の $100(1-\alpha)\%$ 信頼区間は

$$\overline{x} - z\left(\frac{\alpha}{2}\right)\frac{\sigma}{\sqrt{n}} \leqq m \leqq \overline{x} + z\left(\frac{\alpha}{2}\right)\frac{\sigma}{\sqrt{n}}$$

正規母集団の母平均の区間推定（母分散が未知のとき） 母分散 σ^2 が未知の正規母集団 $N(m, \sigma^2)$ から抽出した大きさ n の標本平均の実現値を $\overline{x}$，不偏分散の実現値を u^2 とするとき，母平均 m の $100(1-\alpha)\%$ 信頼区間は

$$\overline{x} - t_{n-1}(\alpha)\frac{u}{\sqrt{n}} \leqq m \leqq \overline{x} + t_{n-1}(\alpha)\frac{u}{\sqrt{n}}$$

ただし標本分散の実現値 s^2 を用いると $\dfrac{u}{\sqrt{n}} = \dfrac{s}{\sqrt{n-1}}$ となる．

母比率の区間推定 二項母集団から抽出した大きさ n の無作為標本の標本比率の実現値を $\widehat{p}$ とする．n が十分大きいとき，母平均 p の $100(1-\alpha)\%$ 信頼区間は次の不等式で与えられる．

$$\widehat{p} - z\left(\frac{\alpha}{2}\right)\sqrt{\frac{\widehat{p}(1-\widehat{p})}{n}} \leqq p \leqq \widehat{p} + z\left(\frac{\alpha}{2}\right)\sqrt{\frac{\widehat{p}(1-\widehat{p})}{n}}$$

6.5 推定・検定

正規母集団の母分散の区間推定　正規母集団 $N(m, \sigma^2)$ から抽出した大きさ n の標本分散の実現値を s^2 とするとき，母分散 σ^2 の $100(1-\alpha)\%$ 信頼区間は次の不等式で与えられる．

$$\frac{ns^2}{\chi^2_{n-1}\left(\frac{\alpha}{2}\right)} \leqq \sigma^2 \leqq \frac{ns^2}{\chi^2_{n-1}\left(1-\frac{\alpha}{2}\right)}$$

統計的検定の手順
① **帰無仮説** H_0 と**対立仮説** H_1 を設定する．
② 帰無仮説 H_0 が正しいとして**検定統計量**を定める．
③ **有意水準**（**危険率**）と対立仮説 H_1 に応じて**棄却域**を設定する．
④ **実現値**を計算し，棄却域に入るかどうか確認する．
⑤ 実現値が棄却域に入れば帰無仮説 H_0 を**棄却**する．
　棄却域に入らなければ H_0 を**受容**する．

正規母集団の母平均の検定　正規母集団 $N(m, \sigma^2)$ から抽出した大きさ n の無作為標本の標本平均，標本分散，不偏分散をそれぞれ $\overline{X}, S^2, U^2$ とおく．母平均に関する帰無仮説 $H_0 : m = m_0$ に対する検定には次の事実を用いればよい．

(1) 母分散 σ^2 が既知のとき
$$Z = \frac{\overline{X} - m_0}{\frac{\sigma}{\sqrt{n}}}$$
は標準正規分布 $N(0,1)$ にしたがう．

(2) 母分散 σ^2 が未知のとき
$$T = \frac{\overline{X} - m_0}{\frac{U}{\sqrt{n}}} = \frac{\overline{X} - m_0}{\frac{S}{\sqrt{n-1}}}$$
は自由度 $n-1$ の t 分布にしたがう．

母比率の検定　二項母集団から抽出した大きさ n の無作為標本の標本比率を $\widehat{P}$ とおく．母比率 p に関する帰無仮説 $H_0 : p = p_0$ に対する検定には次の事実を用いればよい．

「n が十分大きいとき $Z = \dfrac{\widehat{P} - p_0}{\sqrt{\frac{p_0(1-p_0)}{n}}}$ は近似的に
標準正規分布 $N(0,1)$ にしたがう．」

正規母集団の母分散の検定 正規母集団 $N(m, \sigma^2)$ から抽出した大きさ n の無作為標本の標本分散を S^2 とおく．母分散 σ^2 に関する帰無仮説 $\mathrm{H}_0 : \sigma^2 = \sigma_0^2$ に関する検定では次の事実を用いればよい．

「$\chi^2 = \dfrac{nS^2}{\sigma_0^2}$ は自由度 $n-1$ の χ^2 分布にしたがう．」

適合度の検定 母集団が k 個のクラス $C_1, C_2, \ldots, C_k$ に分割されており，クラス C_i の母比率 $P(C_i)$ を p_i とする ($p_1 + p_2 + \cdots + p_k = 1$)．母集団から大きさ n の標本をとり，このうちクラス C_i に属する標本の個数を N_i とする．N_i を**観測度数**，np_i を**期待度数**という．$N_1, N_2, \ldots, N_k$ が十分大きいとき

$$\chi^2 = \sum_{i=1}^{k} \frac{(観測度数 - 期待度数)^2}{期待度数} = \sum_{i=1}^{k} \frac{(N_i - np_i)^2}{np_i}$$

は自由度 $k-1$ の χ^2 分布にしたがう．これを用いて帰無仮説 H_0：「すべての i について $P(C_i) = p_i$」を検定することができる．対立仮説は H_1：「ある i について $P(C_i) \neq p_i$」であり，右片側検定を行えばよい．

	C_1	C_2	$\cdots$	C_k	計
観測度数	N_1	N_2	$\cdots$	N_k	n
母比率	p_1	p_2	$\cdots$	p_k	1
期待度数	np_1	np_2	$\cdots$	np_k	n

独立性の検定 母集団が2つの属性 A, B をもち，A については $A_1, A_2, \ldots, A_k$ の k 個のクラスに，B については $B_1, B_2, \ldots, B_l$ の l 個のクラスにわかれているとする．この母集団から n 個の標本をとり，$A_i \cap B_j$ に属する度数を n_{ij} とする．$\sum_{j=1}^{l} n_{ij} = M_i$, $\sum_{i=1}^{k} n_{ij} = N_j$ とおく．A と B が独立ならば，$A_i \cap B_j$ に属すると期待される度数は $n \dfrac{M_i}{n} \dfrac{N_j}{n} = \dfrac{M_i N_j}{n}$ である．このとき

$$\chi^2 = \sum \frac{(観測度数 - 期待度数)^2}{期待度数} = \sum_{i=1}^{k} \sum_{j=1}^{l} \frac{(n_{ij} - \frac{M_i N_j}{n})^2}{\frac{M_i N_j}{n}}$$

は自由度 $(k-1)(l-1)$ の χ^2 分布にしたがう．これを用いて帰無仮説 H_0：「A と B は独立」を検定することができる．対立仮説 H_1：「A と B は独立でない」

であり，右片側検定を行えばよい．

A \ B	B_1	B_2	$\cdots$	B_k	計
A_1	n_{11}	n_{12}	$\cdots$	n_{1l}	M_1
A_2	n_{21}	n_{22}	$\cdots$	n_{2l}	M_2
$\vdots$	$\vdots$	$\vdots$	$\vdots$	$\vdots$	$\vdots$
A_k	n_{k1}	n_{k2}	$\cdots$	n_{kl}	M_k
計	N_1	N_2	$\cdots$	N_l	n

A

87 ある製品 10 個の重さ（単位は [g]）を測定したところ，次の値がえられた．この製品の重さの母平均 m と母分散 σ^2 を不偏推定量を用いて推定せよ． ◀教問 **6.42**

| 21.12 | 21.07 | 21.13 | 21.11 | 21.07 |
| 21.15 | 21.13 | 21.10 | 21.08 | 21.09 |

88 正規母集団 $N(m, 15^2)$ から抽出した大きさ 25 の無作為標本の標本平均が 78 であった．母平均 m の 95%信頼区間と 99%信頼区間を求めよ． ◀教問 **6.43**

89 **87** の問題で製品の重さ（単位は [g]）は正規分布にしたがうことがわかっている．重さの母平均 m と母分散 σ^2 の 99%信頼区間を求めよ． ◀教問 **6.44**, 問 **6.45**

90 ある溶液の pH を 8 回測定したところ次の値をえた．

| 5.34 | 5.26 | 5.37 | 5.41 | 5.30 | 5.38 | 5.28 | 5.37 |

測定値の全体は正規母集団と考えて，溶液の pH の母平均 m と母分散 σ^2 の 95%信頼区間を求めよ． ◀教問 **6.44**, 問 **6.45**

91 A県である問題について賛否を調べることにした．次の問いに答えよ．

(1) 無作為に抽出した 1000 人の有権者に質問したところ 63% が賛成であった．この問題の賛成者の割合 p を信頼度 99% で推定せよ．

(2) 99%信頼区間の幅を 4%以内にするためには標本の大きさを最低いくらにすればよいか．

92 ある会社で生産されている容量 100 （単位は $[\mu F]$）の規格のコンデンサを 10 個無作為に抽出して個々に容量を測定したところ，測定値の平均が 95.3 であった．この規格のコンデンサの容量は分散が 40 の正規分布をしていることがわかっている．このコンデンサの容量は規格通りか有意水準 5% で検定せよ．また，有意水準 1% ではどうなるか．

93 ある工場で生産されているある製品の寿命はこれまで平均 1800 （単位は [時間]）であった．工程に改良を加えた後，その改良の効果を検証するため，無作為に 12 個取り出して製品の寿命を測定したところ，標本平均が 1880，標本分散が 9900 であった．工程の改良により，製品の寿命が延びたか，有意水準 5% で検定せよ．ただし製品の寿命の分布は正規分布にしたがうとしてよいとする．

94 ある工場で生産されているある食品の内容量の標準偏差は 2.3 （単位は [g]）であった．機械の不調でこの食品の内容量のばらつきが増えたように思われたため，この食品を無作為に 10 個抽出して内容量を測定したところ，その標本標準偏差が 3.0 であった．内容量のばらつきが大きくなったか，有意水準 5% で検定せよ．ただしこの食品の内容量の分布は正規分布にしたがっていると仮定する．

95 ある地域の住人について血液型の調査をした．300 人を無作為に選んで調べた 110 人が A 型であった．この地域の住人の血液型が A 型である人の割合は 4 割より小さいといってよいか．有意水準 5% で検定せよ．また有意水準 1% ではどうか．

6.5 推定・検定

B

例題 6.9 さいころを 180 回振ったところ，出た目の回数は次のようになった．

目の数	1	2	3	4	5	6	計
出た回数	24	39	26	35	34	22	180

このさいころは正常といえるか，有意水準 5% で検定せよ．ただし，さいころが正常であるとは，どの目の出る確率も $\frac{1}{6}$ であることとする．

解 帰無仮説を H_0 と対立仮説 H_1 を

H_0：「さいころは正常」, H_1：「さいころは正常でない」

とする．帰無仮説 H_0 のもとで，検定統計量

$$\chi^2 = \sum \frac{(観測度数 - 期待度数)^2}{期待度数}$$

は自由度 $6 - 1 = 5$ の χ^2 分布にしたがう．さいころが正常でないと χ^2 は大きくなるので右片側検定を用いる．有意水準 5% での棄却域は

$$\chi^2 \geqq \chi_5^2(0.05) = 11.07$$

である．期待度数はどれも $180 \div 6 = 30$ となるから，この問題における観測度数と期待度数は以下のようになる．

観測度数と期待度数

目の数	1	2	3	4	5	6	計
観測度数	24	39	26	35	34	22	180
期待度数	30	30	30	30	30	30	180

この表より χ^2 の実現値は

$$\chi^2 = \frac{(24-30)^2}{30} + \frac{(39-30)^2}{30} + \frac{(26-30)^2}{30}$$
$$+ \frac{(35-30)^2}{30} + \frac{(34-30)^2}{30} + \frac{(22-30)^2}{30} = \frac{238}{30} \fallingdotseq 7.933$$

となり，棄却域にはいらないので，H_0 を棄てることができない．よって有意水準 5% では正常でないとはいえない．　■

例題 6.10 ある製薬会社の実験段階の血圧を下げる薬がどれぐらい効くか確かめるため，200人の被験者に薬を飲んでもらったところ次のようになった．

	血圧低下あり	血圧低下なし	計
薬を飲んだ	67	33	100
薬を飲まなかった	53	47	100
計	120	80	200

この薬は効き目があるといってよいか．有意水準5%で検定せよ．

解 帰無仮説を H_0 と対立仮説 H_1 を

$$H_0：「薬は効かない」, \quad H_1：「薬は効く」$$

とする．帰無仮説 H_0 のもとで，検定統計量

$$\chi^2 = \sum \frac{(観測度数 - 期待度数)^2}{期待度数}$$

は自由度 $(2-1)(2-1) = 1$ の χ^2 分布にしたがう．薬が効くと χ^2 は大きくなるので右片側検定を用いる．有意水準5%での棄却域は

$$\chi^2 \geqq \chi_1^2(0.05) = 3.841$$

である．H_0 のもとで期待度数は次のようになる．

期待度数の表

	血圧低下あり	血圧低下なし	計
薬を飲んだ	60	40	100
薬を飲まなかった	60	40	100
計	120	80	200

この表と観測度数の表より χ^2 の実現値は

$$\chi^2 = \frac{(67-60)^2}{60} + \frac{(53-60)^2}{60} + \frac{(33-40)^2}{40} + \frac{(47-40)^2}{40}$$

$$= \frac{49}{12} = 4.0833$$

となり，帰無仮説は棄却される．よって有意水準5%でこの薬は効き目があるといえる．

6.5 推定・検定

96 正規母集団 $N(m, \sigma^2)$ から無作為に抽出した大きさ 9 の標本 $x_1, x_2, \ldots, x_9$ について

$$\sum_{i=1}^{9} x_i = 90, \quad \sum_{i=1}^{9} x_i^2 = 972$$

となった．次の問いに答えよ．
(1) 母平均 m と母分散 σ^2 の不偏推定値を求めよ．
(2) 母平均 m と母分散 σ^2 の 95%信頼区間を求めよ．

97 メンデルの遺伝の法則によるとある手続きで交配をさせたエンドウ豆の色（黄色か，緑色か）と形（丸いか，しわがあるか）を分類すると黄色・丸い，黄色・しわ，緑色・丸い，緑色・しわの比率がこの順に $9:3:3:1$ になるとされる．同じ手続きで交配させた 480 個のエンドウ豆を調べたところ，以下の表のようになった．この表より，エンドウ豆の色と形についてメンデルの遺伝の法則が成り立つといえるか，有意水準 5%で検定せよ．

豆の種類	黄色・丸い	黄色・しわ	緑色・丸い	緑色・しわ	計
観測度数	280	92	83	25	480
メンデルの法則	$\frac{9}{16}$	$\frac{3}{16}$	$\frac{3}{16}$	$\frac{1}{16}$	1

98 ある県の高校 1 年男子 20 人を無作為に選び，身長 x（単位は [cm]）を測定したところ，標本平均が $\bar{x} = 171.4$，標本標準偏差 $s = 6.9$ であった．この県の高校 1 年男子の身長の平均を m，標準偏差を σ とおく．
(1) 平均 m と分散 σ^2 の不偏推定値を求めよ．
(2) この県の高校 1 年男子の身長は正規分布にしたがっているものとするとき，m と σ^2 の 99%信頼区間を求めよ．

99 1, 2, 3, 4 の 4 つの数字がランダムに出ると設計されている電子さいころがある．これを 200 回，作動させて出た目（X とする）の回数を調べたら表のようになった．この電子さいころは正常かどうか，有意水準 1%で検定せよ．

X	1	2	3	4	計
出現回数	40	67	37	56	200

100 ある大都市で A 社のスマートフォンを所有している人の割合は 20% であった．この都市で A 社は自社のスマートフォンの販売促進キャンペーンを行い，半年後にこの都市の住人から 400 人を無作為に選んで A 社のスマートフォンを所有しているか調べたところ 88 人が A 社のスマートフォンを所有していた．A 社のスマートフォンを所有している人の割合は増加したといってよいか，有意水準 5% で検定せよ．

101 次の問いに答えよ．
(1) 正規母集団 $N(m_1, \sigma_1{}^2)$ から抽出した大きさ n_1 の無作為標本の標本平均を $\overline{X}$ とし，正規母集団 $N(m_2, \sigma_2{}^2)$ から抽出した大きさ n_2 の無作為標本の標本平均を $\overline{Y}$ とするとき，この 2 つの標本平均の差 $W = \overline{X} - \overline{Y}$ はどのような確率分布にしたがうか．ただし，$\overline{X}$ と $\overline{Y}$ は互いに独立とする．
(2) (1) の結果を利用して次の検定を行え：
A 県と B 県の中学 3 年生について英語の学力差があるかどうかを調べるため，A 県から 64 名，B 県から 36 名を無作為に抽出してテスト（単位は点）を行ったところ，A 県の 64 名の平均点は 58.4，B 県の 36 名の平均点は 63.7 となった．この 2 つの県の中学 3 年生のこのテストにおける英語の平均点には差があるといえるか，有意水準 1% で検定せよ．ただし，どちらの県の中学 3 年生についてもこの英語のテストの得点分布は標準偏差 8.6 点の正規分布にしたがうものとする．

102 ある地域の住人についてあるテレビ番組を視聴しているか，男女を区別して調査したところ，次のようになった（単位は人である）．男女によってこの番組の視聴率に差があるといえるか，有意水準 5% で検定せよ．

	視聴している	視聴していない	計
男性	120	180	300
女性	100	100	200

C 発展問題

103 袋の中に 3 個の赤球と 5 個の白球が入っている. （九州大学）

(1) この袋の中から 3 個の球を同時に取り出す．このとき赤球が k 個出る確率を p_k とする．確率 p_0, p_1, p_2, p_3 を求めよ．

(2) 上の (1) で，赤球が k 個出ると $100 \times k$ 円もらえるとする．もらえる金額の期待値を求めよ．

(3) この袋の中から 1 個の球を取り出してはもとの袋に戻すことを，3 回繰り返す．このとき赤球が k 回出る確率を q_k とする．確率 q_0, q_1, q_2, q_3 を求めよ．

(4) 上の (3) で，赤球が出る回数の期待値を求めよ．

104 以下の問いに答えよ．答えは既約分数で示せ． （豊橋技術科学大学（改題））

(1) 4 人でじゃんけんをする．それぞれがグー，チョキ，パーを出す確率は等しいものとする．1 回のじゃんけんで勝者が 1 人決まる確率を求めよ．

(2) つぼの中に白い玉 5 個と黒い玉 5 個が入っている．このつぼから無作為に一度に 4 個の玉を取り出したとき，取り出した白い玉と黒い玉の個数が違う確率を求めよ．

(3) つぼの中に玉が 4 個入っており，そのうち白い玉が何個であるかはわからないとする．このつぼから玉を 1 個取り出したところ，白い玉であったという．もともとつぼの中に白い玉が 3 個入っていた確率を求めよ．ただし，白い玉の個数は 0, 1, 2, 3, 4 のいずれかを取り得るが，どの場合も等しい確率で起こるものとする．

105 事象 X と事象 Y について，X と Y が両方とも生起するという事象を $X \cap Y$，X が生起しないという事象を $\overline{X}$ で表すことにする．事象 X と事象 Y が独立であれば，X と $\overline{Y}$ も独立である．事象 X が生起する確率を $P(X)$ と表し，X が生起したときに Y が生起する条件付き確率を $P(Y|X)$ と表す．

泥棒が入るか，地震が発生するか，いずれかが生じると作動する警報器がある．この警報器は誤作動することもあるという．警報器が作動するという事象を A，泥棒が入るという事象を B，地震が起こるという事象を E

で表すとき

$$P(A) = 0.36, \qquad P(B) = 0.2, \qquad P(E) = 0.1,$$

$$P(A|B \cap E) = 0.9, \quad P(A|B \cap \overline{E}) = 0.7, \quad P(A|\overline{B} \cap E) = 0.9$$

であることがわかっている．事象 B と E は独立に生起すると仮定したとき，次の問いに答えよ． (京都大学)

(1) 警報器が作動したときに泥棒が入った確率 $P(B|A)$ を求めよ．

(2) 警報器が誤作動する確率 $P(A|\overline{B} \cap \overline{E})$ を求めよ．

(3) 地震が発生したときに，必ずテレビでニュース速報が放送されるとする．ニュース速報が流れたという事象を R とするとき，

$$P(R|E) = 1, \quad P(R|\overline{E}) = 0.1$$

であるとする．警報器が作動し，かつ，ニュース速報が流れたときに，泥棒が入った確率 $P(B|A \cap R)$ を求めよ．ただし $A \cap B$ と $R \cap E$, $A \cap B$ と $R \cap \overline{E}$, $A \cap \overline{B}$ と $R \cap E$, $A \cap \overline{B}$ と $R \cap \overline{E}$ はそれぞれ独立とする．

106 袋の中に赤玉 m 個と白玉 n 個が入っている．この袋からでたらめに 1 個の玉を取り出す．取り出した玉はもとに戻さない．この操作を繰り返し行ったとき，先に赤玉がなくなる確率を $P(m,n)$ とする．次の問いに答えよ． (長岡技術科学大学)

(1) $P(1,2)$ を求めよ． (2) $P(2,3)$ を求めよ．

(3) 一般の m, n に対して，$P(m,n)$ を m, n で表せ．

107 正八面体のさいころがある．各面には 0 から 7 までの整数のうち 1 つがかかれており，各面の数字は互いに異なる．また，このさいころを n 回振ったときに，各面は等確率で出るものとする．このさいころを n 回振り，出た目を順に小数点以下に並べた数を x_n とする．ただし x_n の整数部分は 0 とする．例えば，$n=4$ で，出た目が順に 5, 0, 7, 3 であるなら，$x_4 = 0.5073$ となる．n が 2 以上の偶数であるとき，$x_n < \dfrac{8}{33}$ となる確率を p_n とする．以下の問いに答えよ． (大阪大学)

(1) p_2 を求めよ．

(2) n が 4 以上の偶数であるとき，p_n を p_{n-2} と n を用いて表せ．

(3) p_n を求めよ．

C 発展問題

108 1つのさいころを6の目が出るまで振り続け,振った回数を X とする.以下の問いに答えよ. (長岡技術科学大学)
(1) 確率 $P(X=1)$, $P(X=2)$ を求めよ.
(2) 自然数 n に対して,確率 $P(X=n)$ を求めよ.
(3) X の期待値 $E[X]$ を求めよ.

109 確率変数 X が値 x_i $(i=1, 2, \ldots, n)$ をとり,$X=x_i$ となる確率を
$$P(X=x_i) = p_i$$
と表記するとき,次の問いに答えよ.ただし $P(X \geqq a)$ は X が a 以上の値をとる確率を表すとする. (名古屋大学)
(1) $\displaystyle\sum_{i=1}^{n} p_i$ の値を示せ.
(2) X の期待値 $E[X]$ と分散 $V[X]$ を x_i, p_i $(i=1, 2, \ldots, n)$ を用いて表せ.
(3) X の期待値を $E[X]=\mu$,分散を $V[X]=\sigma^2$ とする.任意の正数 k に対して次の不等式が成り立つことを示せ.
$$\sigma^2 \geqq k^2 P(|X-\mu| \geqq k)$$
(4) 確率変数 X の期待値と分散がそれぞれ 50 と 9 であるとき,$P(40 < X < 60)$ に関してわかることを述べよ.

110 原点 O から出発して数直線上を動く点がある.点 P は硬貨を投げて表が出たら $+m$,裏が出たら $-n$ だけ移動する.硬貨は k 回投げるとする.
(東京大学)
(1) $m=4, n=2, k=6$ のとき,下記の値を求めよ.
　(a) 点 P の座標が原点である確率　(b) 点 P の座標の期待値
(2) $m=n=1, k=5$ のとき,下記の値を求めよ.
　(a) 点 P の座標の期待値,および点 P がその期待値の座標の上にある確率
　(b) 原点 O から点 P までの距離の期待値
　(c) 「点 P が負の座標に移動すれば,点 P は原点に戻り,そこで終了する」というルールを付加した場合の点 P の座標の期待値

142　第6章　確率・統計

111 異なる4点 A, B, C, D が図に示すように線分で結ばれている．1個の粒子がこれらの点の上を移動する．粒子は，最初点 A にあり，以後それぞれの移動ごとに，現在の点に結合している3本の線分のいずれかを通って，現在の点以外の3点のいずれかに移動する．この際，3本の線分のいずれかを選択する確率は，それぞれの線分に付した円内の数字に比例する．このとき，以下の問いに答えよ． (京都大学)

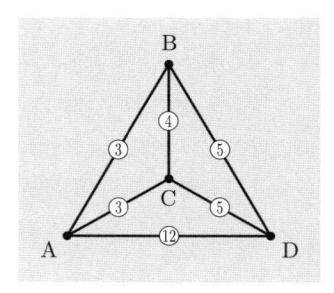

(1) 粒子が点 A にあるときを状態1，点 B または点 C にあるときを状態2，点 D にあるときを状態3とよぶことにする．ある時点で状態 j であった粒子が，1回の移動の後，状態 i である確率 p_{ij} $(i, j = 1, 2, 3)$ を求めよ．

(2) 粒子がちょうど $n\ (\geqq 1)$ 回目の移動で，初めて点 D に到達する確率を求めよ．

112 X, Y を平均 0，分散 1 の正規分布にしたがう互いに独立な確率変数とする． (大阪大学)

(1) $Z = |X| + |Y|$ とおく．Z の平均と分散を求めよ．

(2) $W = \max(|X|, |Y|)$ とおく．W の平均を求めよ．ただし $\max(a, b)$ で a と b の小さくない方の数を表す．

113 以下の問いに答えよ． (長岡技術科学大学)

(1) バスが毎時0分にバス停に到着する．バスの時刻を知らずにバス停に来た人がバスに乗るまでの時間の期待値を求めよ．

(2) バスが毎時0分，25分にバス停に到着する．バスの時刻を知らずにバス停に来た人が25分のバスに乗る確率を求めよ．

(3) $0 < x < y < 60$ とする．バスが毎時0分，x 分，y 分にバス停に到着する．バスの時刻を知らずにバス停に来た人がバスに乗るまでの時間の期待値 $f(x, y)$ を求めよ．

(4) $f(x, y)$ の最小値およびそのときの x, y を求めよ．

C 発展問題

114 X, Y は互いに独立で，いずれも平均 0 と分散 σ^2 をもつ確率変数であり，s, t, λ は実定数とする．2 つの確率変数
$$S = X\cos\lambda s + Y\sin\lambda s, \quad T = X\cos\lambda(s+t) + Y\sin\lambda(s+t)$$
を考えるとき，次の問いに答えよ． （大阪大学）
(1) S, T の平均，分散，共分散を求めよ．
(2) S, T の相関係数を求めよ．

115 X と Y は互いに独立な確率変数でともに指数分布にしたがうものとする．すなわち，分布密度関数が
$$f(x) = \begin{cases} \lambda e^{-\lambda x} & (x > 0) \\ 0 & (x \leqq 0) \end{cases}$$
であるものとする．ただし $\lambda > 0$． （大阪大学）
(1) $X < Y$ となる確率 $P(X < Y)$ を求めよ．
(2) $\min\{X, Y\}$ の分布密度関数を求めよ．ただし $\min\{x, y\}$ は x と y のうち，大きくない方を表す．
(3) $a < b < 0$ のとき，確率 $P(a < X - Y < b)$ を求めよ．

116 2 次元確率変数 (X, Y) の確率密度関数が
$$f(x, y) = \begin{cases} \dfrac{1}{4}(y-x)e^{-y} & (y > 0 \text{ かつ } -y \leqq x \leqq y \text{ のとき}) \\ 0 & (\text{上記以外のとき}) \end{cases}$$
であるとする．このとき以下の問いに答えよ． （大阪大学）
(1) $|X|$ の期待値 $E[|X|]$ を求めよ．
(2) 条件付き確率 $P(0 < Y \leqq 2X \mid X > 0)$ を求めよ．

117 確率変数 X と実数 θ に対して $\varphi(\theta) = E[e^{\theta X}]$ を X の**積率母関数**または**モーメント母関数**という．次の問いに答えよ．
(1) X は n 個の値 $x_1, x_2, \ldots, x_n$ をとる離散型確率変数とし，その確率分布が $P(X = x_i) = p_i$ で与えられているとする．X の積率母関数 $\varphi(\theta)$ について次の公式が成立することを示せ．
$$\varphi'(0) = E[X], \quad \varphi''(0) = E[X^2]$$

(2) X が二項分布 $B(n,p)$ にしたがう確率変数とするとき，X の積率母関数 $\varphi(\theta)$ を求めよ．

(3) 二項分布 $B(n,p)$ にしたがう確率変数 X の平均と分散を求めよ．

118 X, Y はそれぞれ確率密度関数 $f_1(x), f_2(y)$ をもつ互いに独立な連続型確率変数とする．このとき確率変数 $Z = X + Y$ の確率密度関数 $f(z)$ は
$$f(z) = \int_{-\infty}^{\infty} f_1(x)\, f_2(z-x)\, dx$$
で与えられることがわかっている．このことを用いて X, Y がそれぞれ正規分布 $N(m_1, \sigma_1{}^2), N(m_2, \sigma_2{}^2)$ にしたがうとき，$Z = X + Y$ は正規分布 $N(m_1+m_2, \sigma_1{}^2+\sigma_2{}^2)$ にしたがうことを示せ．ただし正規分布 $N(m, \sigma^2)$ の確率密度関数 $g(x)$ は
$$g(x) = \frac{1}{\sqrt{2\pi}\sigma} \exp\left\{-\frac{(x-m)^2}{2\sigma^2}\right\}$$
であり，$\exp(x)$ は指数関数 e^x を表すものとする．

119 連続型確率変数 X の確率密度関数を $f(x)$ とするとき
$$F(x) = P(X \leqq x) = \int_{-\infty}^{x} f(t)\, dt$$
を X の**累積分布関数**という．以下の問いに答えよ．

(1) $F(x)$ は単調増加であることを示せ．

(2) $\lim_{x \to \infty} F(x) = 1$ が成り立つことを示せ．

(3) $\dfrac{d}{dx} F(x) = f(x)$ が成り立つことを示せ．

(4) (3) を用いて，確率変数 X が標準正規分布 $N(0,1)$ にしたがうとき，$Y = X^2$ の確率密度関数を求めよ．

(5) 確率変数 X, Y は互いに独立で，どちらも標準正規分布 $N(0,1)$ にしたがうとき，$Z = X^2 + Y^2$ の確率密度関数を求めよ．

120 さいころを n 回振って 1 の目の出る回数を X，6 の目の出る回数を Y とする．次の値を求めよ．

(1) $E[X], V[X]$　　(2) 共分散 $\mathrm{Cov}[X,Y]$　　(3) 相関係数 $\rho[X,Y]$

問題解答

第1章

1.1節 **1** $y' = 3x^4 + 2x + 1$

2 (1) 証明略 （ヒント：$y' = -\dfrac{1}{2x\sqrt{2x}}$ を左辺に代入する．）

(2) 証明略 （ヒント：$y' = 2x$ を左辺に代入する．）

(3) 証明略 （ヒント：$y' = 3e^{3x} - 2e^{2x}$ を左辺に代入する．）

(4) 証明略 （ヒント：$y' = \dfrac{2\log x + 1}{4}$ を左辺に代入する．）

(5) 証明略 （ヒント：$y' = 4x^3$ を右辺に，$y'' = 12x^2$ を左辺に代入する．）

(6) 証明略 （ヒント：$y' = 3e^x - 4e^{2x},\ y'' = 3e^x - 8e^{2x}$ を左辺に代入する．）

(7) 証明略 （ヒント：$y' = 5 + \dfrac{1}{\sqrt{1+x^2}},\ y'' = -\dfrac{x}{(1+x^2)\sqrt{1+x^2}}$ を左辺に代入する．）

3 (1) $xy' - y + x^2 \sin x = 0$ (2) $\dfrac{1}{4}(y')^2 - xy' + y = 0$ (3) $y' = \dfrac{y^2}{1 - xy}$

4 (1) $y'' = y$ (2) $xy'' = y'$ (3) $x^2 y'' + xy' - y = 0$

5 (1) 証明略 （ヒント：$y' = 3C_1 x^2,\ y'' = 6C_1 x$ を与式に代入すればよい．）

(2) $y = \dfrac{1}{3}x^3 - \dfrac{5}{3}$

6 (1) $y' = \dfrac{1 - y^3}{x}$ より変数分離形である．

(2) $y' = -2x + y^3$ より右辺は x, y の関数にわけることができないので変数分離形ではない．

(3) $y' = \dfrac{x + y}{x - y}$ より右辺は x, y の関数にわけることができないので変数分離形ではない．

(4) 変数分離形である．

7 C は任意定数とする． (1) $y = \dfrac{1}{x^2 + C}$ (2) $y = \tan(x + C)$

(3) $y = Ce^x$ (4) $y = Cx$ (5) $(x-1)(y-1) = C$

(6) $y^2 = e^x + C$ (7) $\sin y + \cos x = C$ (8) $y = 3 + Ce^{-2x}$

(9) $x^2 + \dfrac{y^2}{2} = C$ (10) $y = Ce^{-\cos x}$ (11) $y = \dfrac{C}{\sqrt{x}}$

8 (1) $y = \tan^{-1} x + \dfrac{\pi}{4}$ (2) $y = \dfrac{1}{2}x$

(3) $y = \dfrac{x}{x - 1}$ (4) $y = \dfrac{3 + e^{2x}}{3 - e^{2x}}$

9 C は任意定数とする．(1) $y = -\dfrac{x}{\log|x| + C}$

(2) $e^{-\frac{2y}{x}} = -2\log|x| + C$ (3) $y = Ce^{-\frac{x}{y}}$

10 (1) $x^2 + y^2 = 2y$ (2) $y = \dfrac{x^2 - 1}{2}$

11 $y' = -\dfrac{x}{y}$ を満たし，その一般解は $x^2 + y^2 = C$ (C は任意定数)

12 C は任意定数とする．(1) $y = \dfrac{Ce^x}{1 - Ce^x}$ (2) $y = -\dfrac{1}{x\log x - x + C}$

(3) $y = C(x^3 + 1)$ (4) $y = \dfrac{1 + Ce^{2x}}{1 - Ce^{2x}}$ (5) $y = C\sqrt{x^2 + 1}$

(6) $y = \sin\left(\dfrac{x^2}{2} + C\right)$ (7) $y^2 = (\log x)^2 + C$ (8) $y = \dfrac{x + C}{1 - Cx}$

13 C は任意定数とする．

(1) $x = Ce^{\frac{y}{x}}$ (2) $y^2 = x^2(2\log|x| + C)$ (3) $x\sin\dfrac{y}{x} = C$

(4) $y = Cx(x + y)$ (5) $y = Ce^{-\frac{y}{x}}$ (6) $y = x\sin(\log|x| + C)$

(7) $xe^{\tan\frac{y}{x}} = C$ (8) $xe^{-\sin\frac{y}{x}} = C$ (9) $(y + x)^2(y + 3x)^3 = C$

14 C は任意定数とする．(1) $(x - y - 2)^3(4x + y - 3)^2 = C$

(2) $(x + 1)^2 - (x + 1)(y - 3) + (y - 3)^2 = C$ (3) $x + y - 2 = Ce^{-\frac{x + 2y}{3}}$

(4) $3x - 6y - 4 = Ce^{6x - 3y}$

15 (1) $x^2 - xy + y^2 + x - y = -\dfrac{1}{4}$ (2) $25x^2 - 30xy + 9y^2 + 9x - 9y = 0$

16 C は任意定数とする．(1) $y = -4x + 2\tan(2x + C)$

(2) $\sin 2(x + y) = 2(x - y) + C$ (3) $(x + C)\left(\tan\dfrac{x + y}{2} + 1\right) + 2 = 0$

(4) $\log(1 + \sqrt{x + y + 1}) - \sqrt{x + y + 1} + \dfrac{x}{2} = C$

$\boxed{\text{1.2 節}}$ **17** (1) 証明 与式は変数分離形より一般解は $\displaystyle\int \dfrac{1}{y}\,dy = -2\int \dfrac{1}{x}\,dx$ を計算して，$y = Cx^{-2}$ (C は任意定数) (2) $y = \dfrac{x^2}{4} + \dfrac{C}{x^2}$ (C は任意定数)

18 C は任意定数とする．(1) $y = \dfrac{x}{2} - \dfrac{x^3}{4} + \dfrac{C}{x}$ (2) $y = e^{-\sin x}(x + C)$

19 (1) 証明略 (ヒント：$\exp\left(\displaystyle\int \dfrac{2}{x}\,dx\right) = e^{\log x^2} = x^2$ を用いる．)

(2) $y = \dfrac{1}{x^2}(\log|x| + C)$ (C は任意定数)

20 C は任意定数とする．

問 題 解 答　　　　　　　　　　　　　　　147

(1) $y = \dfrac{1}{2} + Ce^{-x^2}$ 　　(2) $y = e^{-x^2}\left(\dfrac{x^2}{2} + C\right)$ 　　(3) $y = x^2 + \dfrac{C}{x}$

(4) $y = x - 1 + Ce^{-x}$ 　　(5) $y = e^{3x} + Ce^{2x}$ 　　(6) $y = \sin x + C\cos x$

(7) $y = -x + \dfrac{C}{x^2}$ 　　(8) $y = \log x - 1 + \dfrac{C}{x}$ 　　(9) $y = \dfrac{x}{4}(2\log x - 1) + \dfrac{C}{x}$

21 (1) $y = x - 1 + e^{2-x}$ 　　(2) $y = 1 + e^{1-\frac{x^2}{2}}$

22 $y = \dfrac{1}{1 + Ce^x}$ 　　**23** $\dfrac{1}{y^2} = \dfrac{e^{2x}(1 - x^4)}{2}$

24 C は任意定数とする．(1) $y = 3 + Ce^{-e^x}$ 　　(2) $y = \dfrac{e^{2x} + C}{2xe^x}$

(3) $y = \cos x + C\cos^2 x$ 　　(4) $y = \dfrac{2x + C}{1 + x^2}$

(5) $y = \dfrac{\log|x - 1| + C}{x + 1}$ 　　(6) $y = (x+1)^2\left(\dfrac{x^2 + 2x}{2} + C\right)$

(7) $y = 2(\sin x - 1) + Ce^{-\sin x}$ 　　(8) $y = \dfrac{\log|x + \sqrt{1 + x^2}| + C}{\sqrt{1 + x^2}}$

25 (1) $y = \dfrac{7e^{3x} - e^x}{2}$ 　　(2) $y = \dfrac{1}{3}\left(x^2 + \dfrac{2}{x}\right)$

(3) $y = 2(x - 1) + e^{1-x}$ 　　(4) $y = x + 3\sqrt{1 + x^2}$

26 C は任意定数とする．

(1) $xy - e^x + \dfrac{y^3}{3} = C$ 　　(2) $x^2 y + \sin y = C$

(3) $x^2 - xy + y^2 + 3x - 3y = C$ 　　(4) $xy + e^x \sin y = C$

27 C は任意定数とする．

(1) $\dfrac{1}{y} = x(-1 + Ce^{-x})$ 　　(2) $\dfrac{1}{y} = 1 + \log x + Cx$

(3) $\dfrac{1}{y} = -e^{-x^2} + Ce^{-\frac{x^2}{2}}$ 　　(4) $\dfrac{1}{y^2} = x + \dfrac{1}{2} + Ce^{2x}$

(5) $\dfrac{1}{y^2} = a\left(x^2 + \dfrac{1}{2}\right) + Ce^{2x^2}$ 　　(6) $\dfrac{1}{y^2} = e^{-x^2}(2x + C)$

(7) $y = \left(\dfrac{x}{3} + \dfrac{C}{\sqrt{x}}\right)^2$

28 C は任意定数とする．(1) $y = \dfrac{Ce^x + x + 1}{Ce^x + x}$ 　　(2) $y = x\dfrac{Ce^{4x} + 1}{Ce^{4x} - 1}$

29 (1) $y^2 = \dfrac{4e^{x^2}}{8x + 1}$ 　　(2) $y = \dfrac{1}{9}\left(x - \dfrac{1}{\sqrt{x}}\right)^2$ 　　(3) $y = \dfrac{4 + 2e^{3x}}{4 - e^{3x}}$

1.3 節 　**30** C_1, C_2 は任意定数とする．(1) $y = \dfrac{1}{2x} + C_1 x + C_2$

(2) $y = (x-2)e^x + C_1 x + C_2$

(3) $y = \left(x - \dfrac{1}{2}x^2\right)\log x + \dfrac{3}{4}x^2 + C_1 x + C_2$

(4) $y = -x\sin x - 2\cos x + C_1 x + C_2$

31 $(y-C)\left(\dfrac{1}{2}y^2 + 2y - C_1 x - C_2\right) = 0$ (C, C_1, C_2 は任意定数)

32 $y = C_1 \log|x| + C_2$ (C_1, C_2 は任意定数)

33 $W(e^x \cos x, e^x \sin x) = e^{2x} \neq 0$ より, 1次独立

34 C_1, C_2 は任意定数とする. (1) $y = C_1 e^{-2x} + C_2 e^x$

(2) $y = (C_1 + C_2 x)e^{-3x}$ (3) $y = e^x(C_1 \cos x + C_2 \sin x)$

35 (1) $y = -x^2 + \dfrac{1}{2}x - \dfrac{5}{4}$ (2) $y = -\dfrac{3}{74}(7\cos x - 5\sin x)$

(3) $y = -e^x$ (4) $y = -\dfrac{e^{3x}}{30}(\cos x - 2\sin x)$

36 (1) $y = \dfrac{1}{11}(6e^{-5x} + 5e^{6x})$ (2) $y = 2(1-x)e^{2x-1}$

(3) $y = \dfrac{1}{2}\{1 - e^{2(1-x)}\}$ (4) $y = 3e^{-\frac{1}{3}x} - 2e^{-x}$

(5) $y = e^{-x}(-2\cos x + \sin x)$ (6) $y = e^{\frac{x-\pi}{2}}\left(\cos\dfrac{x}{2} + \sin\dfrac{x}{2}\right)$

(7) $y = (1-x)e^{x+1} - 2$

37 C_1, C_2 は任意定数とする.

(1) $y = C_1 e^{-2x} + C_2 e^{4x} - \dfrac{1}{9}e^x$

(2) $y = C_1 e^{-x} + C_2 e^{4x} - \dfrac{1}{17}(5\cos x + 3\sin x)$

(3) $y = C_1 e^{-x} + C_2 e^{3x} - \dfrac{1}{5}e^x \cos x$

(4) $y = C_1 e^{-3x} + C_2 e^{2x} - \dfrac{1}{36}(9e^x + 6x + 1)$

38 (1) $y = -\dfrac{5}{6}(e^{3x} - e^{4x}) + \dfrac{1}{72}(12x + 7)$ (2) $y = 1 - \dfrac{1}{2}e^{-x} - \dfrac{1}{2}(\cos x + \sin x)$

39 C_1, C_2 は任意定数とする.

(1) $\begin{cases} x(t) = \{C_1 + C_2(t-1)\}e^t \\ y(t) = (C_1 + C_2 t)e^t \end{cases}$ (2) $\begin{cases} x(t) = -2C_1 e^{-t} - C_2 e^{-2t} + 9 \\ y(t) = C_1 e^{-t} + C_2 e^{-2t} - 3 \end{cases}$

40 (1) $\begin{cases} x(t) = (1-4t)e^{3t} \\ y(t) = -(1+4t)e^{3t} \end{cases}$ (2) $\begin{cases} x(t) = -\pi(\cos t - \sin t) + t \\ y(t) = \pi(\cos t + \sin t) \end{cases}$

41 C_1, C_2 は任意定数とする.

(1) $y = (C_1 + C_2 x)e^{-x} + x^2 e^{-x}(2\log x - 3)$

(2) $y = C_1 \cos x + C_2 \sin x + \dfrac{1}{2} \sin x \log \left| \dfrac{1 - \cos x}{1 + \cos x} \right|$

42 C_1, C_2 は任意定数とする． (1) $y = \dfrac{1}{4} x(x+1) + C_1 e^{2x} + C_2$

(2) $y = \dfrac{1}{3} x^3 + C_1 \log |x| + C_2$　　(3) $y = -\log|x + C_1| + C_2$

(4) $y = -\log |\cos(x + C_1)| + C_2$　　(5) $y = \dfrac{1}{3}(x + C_1)^3 - x + C_2$

43 C_1, C_2 は任意定数とする．

(1) $\begin{cases} x(t) = C_1 \cos t + C_2 \sin t + 2t \sin t \\ y(t) = C_2 \cos t + (2 - C_1) \sin t + 2t \cos t - 6 \end{cases}$

(2) $\begin{cases} x(t) = -\dfrac{C_1}{2} e^{2t} - C_2 e^{3t} + (t-1) e^{3t} \\ y(t) = C_1 e^{2t} + C_2 e^{3t} - t e^{3t} \end{cases}$

44 (1) $\begin{cases} x(t) = \dfrac{1}{4}(e^{-3t} - e^t) \\ y(t) = -\dfrac{1}{4}(3e^{-3t} + e^t) \end{cases}$

(2) $\begin{cases} x(t) = -4e^t + 5e^{-2t} + \cos t + 2\sin t - 1 \\ y(t) = 3e^t - 3e^{-2t} - \dfrac{4}{5} \cos t - \dfrac{7}{5} \sin t + 1 \end{cases}$

45 C_1, C_2 は任意定数とする．

(1) $y = \dfrac{C_1 + C_2 \log x}{x^2} - \dfrac{1}{16} x^2$　　(2) $y = \dfrac{C_1}{x} + C_2 x^2 - \dfrac{\log x}{3x}$

46 (1) $y = x^2$ より $y' = 2x$, $y'' = 2$.

これを左辺に代入すると，(左辺) $= 2x^2 + 2x^2 - 4x^2 = 0$ となる．

(2) $y = \dfrac{C_1}{x^2} + C_2 x^2 + \dfrac{1}{12} x^4$　(C_1, C_2 は任意定数)

47 C_1, C_2 は任意定数とする．

(1) $y = C_1 x \log|x| + C_2 x + \dfrac{1}{3} x^4 + 2x^2$　　(2) $y = C_1 e^x + C_2 x + x^2 + 1$

第2章

2.1節　**1**　(1) $3\sqrt{2}$　　(2) $\dfrac{\pi}{3}$

2　正射影の長さ $\dfrac{7}{5}$, $\boldsymbol{b}$ の $\boldsymbol{a}$ への正射影 $\left(0, \dfrac{28}{25}, -\dfrac{21}{25}\right)$

3　(1)～(3)　証明略　(ヒント：定義に基づき計算する．)

4　(1) $\sqrt{53}$　(2) $\sqrt{133}$　(3) $\sqrt{285}$　(4) $9\sqrt{6}$

5　(1) $(-5, -5, -5)$　　(2) $(8, 9, 7)$　　(3) $(1, -2, -1)$

6 (1) $(14, -13, -4)$ (2) $(18, 31, -14)$ (3) $(-12, -42, -48)$

7 $\boldsymbol{a} \cdot (\boldsymbol{b} \times \boldsymbol{c}) = 68$, $\boldsymbol{a} \times (\boldsymbol{b} \times \boldsymbol{c}) = (0, 0, 24)$

8 $4t(4t^2 - 1)\boldsymbol{i} + t^2(10t^2 - 3)\boldsymbol{j} + 3(6t^2 - 1)\boldsymbol{k}$

9 (1) $3t^2 - 4t + 12$ (2) $(-6t - 8, -9t^2 + 4, -6t^2 - 2t)$

10 (1) $e^{2t}(2t + 1) - 9t^2 + 6t$ (2) $(12t, -e^{2t}(2t^2 - 1) - 6t, -2e^{2t}(2t + 1))$

11 (1) $\boldsymbol{a}'(t) = 2e^{2t}\boldsymbol{i} - 2e^{-2t}\boldsymbol{j} + 3\boldsymbol{k}$, $t = 0$ のとき $(2, -2, 3)$

(2) $\boldsymbol{a}'(t) = -2\sin t\,\boldsymbol{i} + 2\cos t\,\boldsymbol{j} + 5\boldsymbol{k}$, $t = 0$ のとき $(0, 2, 5)$

12 (1) $2\pi^2\boldsymbol{k}$ (2) $243\boldsymbol{i} - \dfrac{243}{4}\boldsymbol{j} - 2(e^{-3} - 1)\boldsymbol{k}$

13 (1) $\boldsymbol{v} = (1, 2t, 0)$, $|\boldsymbol{v}| = \sqrt{1 + 4t^2}$, $\boldsymbol{a} = (0, 2, 0)$

(2) $\boldsymbol{t} = \dfrac{1}{\sqrt{1 + 4t^2}}(1, 2t, 0)$, $\boldsymbol{n} = \dfrac{1}{\sqrt{1 + 4t^2}}(-2t, 1, 0)$

(3) $a_t = \dfrac{4t}{\sqrt{1 + 4t^2}}$, $a_n = \dfrac{2}{\sqrt{1 + 4t^2}}$, $\boldsymbol{a} = \dfrac{4t}{\sqrt{1 + 4t^2}}\boldsymbol{t} + \dfrac{2}{\sqrt{1 + 4t^2}}\boldsymbol{n}$

(4) $s = \dfrac{2\sqrt{5} + \log(2 + \sqrt{5})}{4}$

14 (1) $\dfrac{1}{\sqrt{1 + 5t^2}}(t, 2t, 1)$ (2) $\dfrac{1}{\sqrt{1 + 4t^2 + 9e^{6t}}}(1, 2t, 3e^{3t})$

15 (1) $2\sqrt{14}$ (2) 10π (3) $\sqrt{10}\,\pi$ **16** $\pm\dfrac{1}{\sqrt{9u^4 + 2}}(3u^2, -1, -1)$

17 $\pm\dfrac{1}{\sqrt{4uv(u^2 + v^2) + u^2 + v^2 + 1}}(2uv + v^2, u^2 + 2uv, -1)$

18 $3x - 4y - 5z = 0$ **19** $6x - 6y + z + 4 = 0$ **20** $2x + y + \sqrt{2}\,z - 7 = 0$

21 (1) 64 (2) 104 (3) 91 **22** $a = 19 \pm 18\sqrt{2}$

23 (1) 証明略 (ヒント: $\overrightarrow{AB} = \boldsymbol{b} - \boldsymbol{a}$, $\overrightarrow{AC} = \boldsymbol{c} - \boldsymbol{a}$) (2) $\dfrac{\sqrt{26}}{2}$

24 $a = 2 \pm \dfrac{12\sqrt{5}}{5}$

25 (1) $\cos\theta = \dfrac{\sqrt{10}}{10}$ (2) $\sqrt{17}$ (3) $(6t, -6t, 3t)$ (t は実数) (4) $\dfrac{9}{2}$

26 $\boldsymbol{c} = \pm\left(\dfrac{1}{3}, \dfrac{2}{3}, -\dfrac{2}{3}\right)$ (複号同順)

27 (1) $k_1 = -\dfrac{3}{10}, k_2 = \dfrac{5}{2}$ (2) $k = -3, 5$

28 $\pm\dfrac{\sqrt{5}}{5}(2\cos v, 2\sin v, -1)$ (複号同順)

29 証明略 (ヒント: 実際に微分して計算する.)

30 (1) 証明略 (ヒント: 公式 $\dfrac{d}{dt}(\boldsymbol{a}(t) \cdot \boldsymbol{b}(t)) = \dfrac{d\boldsymbol{a}(t)}{dt} \cdot \boldsymbol{b}(t) + \boldsymbol{a}(t) \cdot \dfrac{d\boldsymbol{b}(t)}{dt}$)

(2) 証明略 (ヒント: 公式 $\dfrac{d}{dt}(\boldsymbol{a}(t) \times \boldsymbol{b}(t)) = \dfrac{d\boldsymbol{a}(t)}{dt} \times \boldsymbol{b}(t) + \boldsymbol{a}(t) \times \dfrac{d\boldsymbol{b}(t)}{dt}$)

問 題 解 答

2.2節 **31** (1) $(4z, -9y^2z^2, 4x-6y^3z)$ (2) $(8,0,4)$
32 証明略 （ヒント：実際に計算する．） **33** $(3z^3+8x, 6(x^2+2y), 9xz^2)$
34 (1) $(yz(3x^2+y^2+z^2), zx(x^2+3y^2+z^2), xy(x^2+y^2+3z^2))$
(2) $\dfrac{1}{(x^2+y^2+z^2)^2}(yz(-x^2+y^2+z^2), zx(x^2-y^2+z^2), xy(x^2+y^2-z^2))$
35 発散，回転の順に示す．(1) $0, (-1,1,-1)$ (2) $0, \mathbf{0}$
36 (1) 3 (2) $\mathbf{0}$
37 証明略 （ヒント：実際に計算する．）
38 証明略 （ヒント：実際に計算する．）
39 0 **40** (1) $\dfrac{\boldsymbol{r}}{r^2}$ (2) $\dfrac{1}{r^2}$ **41** $13\sqrt{2}$ **42** $\dfrac{\sqrt{2}}{3}+\dfrac{3}{2}$
43 -1 **44** 4π **45** $-\pi^2$ **46** (1) $\dfrac{\sqrt{3}}{2}$ (2) $\dfrac{\sqrt{3}}{3}$
47 $\dfrac{1}{6}$ **48** (1) $\dfrac{195}{2}$ (2) $\dfrac{16}{3}$ **49** 40 **50** 0
51 $f(r)=-\dfrac{a}{2}e^{-2r}+b$ (a,b は実数)
52 (1) $-\dfrac{\boldsymbol{r}}{r^3}$ (2) $nr^{n-2}\boldsymbol{r}$
53 (1) 0 (2) 0
54 (1) 証明略 $\left(\text{ヒント：}\boldsymbol{A}=A_1\boldsymbol{i}+A_2\boldsymbol{j}+A_3\boldsymbol{k}\text{ とおくと，}\right.$
$\left. \boldsymbol{A}\cdot\nabla=A_1\dfrac{\partial}{\partial x}+A_2\dfrac{\partial}{\partial y}+A_3\dfrac{\partial}{\partial z}\right)$
(2) 証明略 （ヒント：定義に基づき計算する．）
55 (1) 証明略 （ヒント：$\boldsymbol{A}=A_1\boldsymbol{i}+A_2\boldsymbol{j}+A_3\boldsymbol{k}$ とおく．定義に基づき計算する．）
(2) 証明略 $\left(\text{ヒント：}\nabla\times(\boldsymbol{A}\times\boldsymbol{B})=\left(\boldsymbol{i}\dfrac{\partial}{\partial x}+\boldsymbol{j}\dfrac{\partial}{\partial y}+\boldsymbol{k}\dfrac{\partial}{\partial z}\right)\times(\boldsymbol{A}\times\boldsymbol{B})\right)$
56 (1) $\dfrac{2\sqrt{2}}{3}$ (2) 5000 **57** $-\dfrac{1}{2}$
58 証明略 $\left(\text{ヒント：}\boldsymbol{A}\cdot\dfrac{d\boldsymbol{r}}{dt}=\nabla\varphi\cdot\dfrac{d\boldsymbol{r}}{dt}=\dfrac{\partial\varphi}{\partial x}\dfrac{dx}{dt}+\dfrac{\partial\varphi}{\partial y}\dfrac{dy}{dt}+\dfrac{\partial\varphi}{\partial z}\dfrac{dz}{dt}=\dfrac{d\varphi}{dt}\right)$
59 $21\sqrt{14}$ **60** $\dfrac{17}{4}$ **61** (1) 0 (2) $-\dfrac{3}{2}$ (3) $-\dfrac{1}{6}$

第3章

3.1節 **1** (1) $\dfrac{1}{s^2}$ (2) $\dfrac{2-s^2}{s^3}$
2 (1) $\dfrac{1+2e^{-2s}-3e^{-4s}}{s}$ (2) $\dfrac{2-3e^{-3s}+5e^{-5s}}{s}$

(3) $\dfrac{1-s-e^{-s}}{s^2}$ (4) $\dfrac{2-2e^{-2s}-4se^{-2s}-4s^2}{s^3}$

3 (1) $\dfrac{a}{s^2-a^2}$ (2) $\dfrac{s}{s^2-a^2}$

4 (1) $\mathscr{L}[t\sinh at]=\dfrac{2as}{(s^2-a^2)^2}$, $\mathscr{L}[t\cosh at]=\dfrac{s^2+a^2}{(s^2-a^2)^2}$

(2) $\mathscr{L}[t^2\sinh at]=\dfrac{2a(3s^2+a^2)}{(s^2-a^2)^3}$, $\mathscr{L}[t^2\cosh at]=\dfrac{2s(s^2+3a^2)}{(s^2-a^2)^3}$

5 (1) $(\sinh\omega t)'=\omega\cosh\omega t$, $(\cosh\omega t)'=\omega\sinh\omega t$

(2) $\mathscr{L}[\cosh\omega t]=\dfrac{s}{s^2-\omega^2}$ (3) $\mathscr{L}[\sinh\omega t]=\dfrac{\omega}{s^2-\omega^2}$

6 (1) $-\log\left|\dfrac{s-a}{s-b}\right|$ (2) $\dfrac{a}{s(s^2+a^2)}$ (3) $\dfrac{1}{s^2+a^2}$ (4) $-\log\dfrac{\sqrt{s^2+a^2}}{s}$

7 (1) $\dfrac{4-2s+3s^2}{s^3}$ (2) $\dfrac{-s-5}{(s-1)(s-3)}$

(3) $\dfrac{s^2-s+7}{(s+1)(s-2)^2}$ (4) $\dfrac{s^2+3s-5}{(s-2)(s^2+1)}$

8 (1) $\dfrac{s^2+2s+2}{s^3}$ (2) $\dfrac{9s^2+6s-16}{s(s-2)(s+2)}$ (3) $\dfrac{1}{s^2+4}$

(4) $\dfrac{s^2-3}{(s^2+1)(s^2+9)}$ (5) $\dfrac{4(3s^2-4)}{(s^2+4)^3}$ (6) $\dfrac{2s(s^2-3)}{(s^2+1)^3}$

9 (1) $\dfrac{1}{2}t^2$ (2) $4+\dfrac{1}{6}t^3$ (3) $\dfrac{1}{8}t^4$ (4) $3e^t$ (5) $3e^t+4e^{-2t}$

(6) $\dfrac{1}{\sqrt{2}}\sin\sqrt{2}\,t$ (7) $2\cos 3t$ (8) $2\cos t-5\sin t$

10 (1) $2+3t$ (2) $4+5t+\dfrac{1}{2}t^2$ (3) $2e^{-t}-5te^{-t}$ (4) $2e^{2t}$

(5) $e^{2t}+\dfrac{1}{2}t^2e^{2t}+\dfrac{2}{3}t^3e^{2t}$ (6) $3\cos 2t-\dfrac{1}{2}\sin 2t$

(7) $2\cos\sqrt{3}\,t+\sqrt{3}\sin\sqrt{3}\,t$ (8) $3e^{-t}\cos\sqrt{5}\,t-\dfrac{2}{\sqrt{5}}e^{-t}\sin\sqrt{5}\,t$

(9) $3e^{2t}\cos 2t+e^{2t}\sin 2t$ (10) $3e^{-t}\cos\sqrt{2}\,t-2\sqrt{2}\,e^{-t}\sin\sqrt{2}\,t$

11 (1) $-\dfrac{3}{2}+\dfrac{3}{2}e^{2t}$ (2) $\dfrac{5}{2}e^{-3t}+\dfrac{1}{2}e^t$ (3) $\dfrac{5}{9}e^{-4t}+\dfrac{4}{9}e^{5t}$

(4) $e^{-3t}+2e^{5t}$ (5) $3e^{-3t}+e^{2t}$ (6) $\dfrac{5}{7}e^{-2t}+\dfrac{9}{7}e^{5t}$

12 (1) $-\dfrac{1}{2}+\dfrac{1}{6}e^{-2t}+\dfrac{1}{3}e^t$ (2) $-\dfrac{3}{8}e^{-t}-\dfrac{1}{4}e^t+\dfrac{5}{8}e^{3t}$

(3) $-\dfrac{1}{3}e^{-2t}+\dfrac{1}{12}e^t+\dfrac{1}{4}e^{5t}$ (4) $\dfrac{1}{2}-\dfrac{1}{3}e^{-2t}-\dfrac{1}{3}e^t+\dfrac{1}{6}e^{4t}$

(5) $2e^{-3t}-e^t+3e^{2t}$ (6) $-\dfrac{1}{6}e^{-t}+\dfrac{5}{3}e^{2t}-\dfrac{1}{2}e^{3t}$

問 題 解 答　　　　　　　　　　　　　　　　　　　　　　　　　**153**

13 (1) $3e^{2t} + 8te^{2t} + t^2 e^{2t}$ 　　(2) $5e^{-t} - 6te^{-t}$

(3) $e^t + 4te^t + \frac{5}{2}t^2 e^t + \frac{1}{3}t^3 e^t - t^4 e^t$ 　　(4) $e^t + 4te^t - \frac{3}{2}t^2 e^t$

14 (1) $1 + 3t - e^{2t}$ 　　(2) $\frac{1}{4}e^t - \frac{1}{4}e^{3t} + \frac{5}{2}te^{3t}$

(3) $-3 + t + 2e^{-t} + e^t$ 　　(4) $-9 + 6t + 9e^{-t} + 3te^{-t}$

(5) $e^t - te^t - e^{2t} + 2te^{2t}$ 　　(6) $1 + 2t + 2t^2 - e^t - te^t$

15 (1) $-3 + 3\cos t + 4\sin t$ 　　(2) $e^t - \cos 2t - \frac{1}{2}\sin 2t$

(3) $-\frac{2}{5}e^{2t} + \frac{2}{5}\cos t + \frac{9}{5}\sin t$ 　　(4) $\frac{1}{5} - \frac{1}{5}e^{2t}\cos t + \frac{2}{5}e^{2t}\sin t$

16 (1) $\frac{1}{2} - \frac{1}{4}t - \frac{1}{2}\cos 2t + \frac{1}{8}\sin 2t$ 　　(2) $\frac{5}{2}e^t - 2te^t - \frac{5}{2}\cos t - \frac{1}{2}\sin t$

(3) $1 - e^{-t}\cos t - e^{-t}\sin t$ 　　(4) $-2e^t + \frac{7}{5}e^{2t} + \frac{3}{5}\cos t - \frac{4}{5}\sin t$

17 (1) $\frac{\sqrt{\pi}}{2s\sqrt{s}}$ 　　(2) $\frac{3\sqrt{\pi}}{4s^2\sqrt{s}}$ 　　(3) $\frac{\sqrt{\pi}(8s^2 + 45)}{8s^3\sqrt{s}}$

(4) $\frac{3\sqrt{\pi}}{2(s-2)\sqrt{s-2}}$ 　　(5) $\frac{3\sqrt{\pi}}{4(s+1)^2\sqrt{s+1}}$ 　　(6) $\frac{\sqrt{\pi}(2s+1)}{4(s-1)^2\sqrt{s-1}}$

(7) $\sqrt{\frac{\pi}{s}}$ 　　(8) $\frac{\sqrt{\pi}(4s+3)}{2s\sqrt{s}}$ 　　(9) $\frac{\sqrt{\pi}(4s^2 + 4s + 3)}{4s^2\sqrt{s}}$

18 (1) $\frac{6e^{-s}}{s^4}$ 　　(2) $\frac{e^{-\pi s}}{s^2 + 1}$ 　　(3) $\frac{e^{-2s}}{s - 1}$

(4) $\frac{\sqrt{\pi}\,e^{-4s}}{2s\sqrt{s}}$ 　　(5) $\frac{se^{-2s}}{s^2 + 4}$ 　　(6) $\frac{e^{-s}}{s - 3}$

19 (1) $\frac{1 - e^{-s}}{s(1 + e^{-s})}$ 　　(2) $\frac{1}{s(1 + e^{-2s})}$ 　　(3) $\frac{e^{-3s} + 3s - 1}{s^2(1 - e^{-6s})}$

20 (1) 証明略 （ヒント：$f''(t) = (f'(t))' = (2t\cos\omega t - \omega t^2 \sin\omega t)'$ を利用する．）

(2) 証明略 （ヒント：(1) を利用する．）　　(3) $\frac{2s(s^2 - 3\omega^2)}{(s^2 + \omega^2)^3}$

21 (1) 証明略 （ヒント：$f''(t) = (f'(t))' = (2t\sin\omega t + \omega t^2 \cos\omega t)'$ を利用する．）

(2) 証明略 （ヒント：(1) を利用する．）　　(3) $\frac{2\omega(3s^2 - \omega^2)}{(s^2 + \omega^2)^3}$

22 (1) $\frac{1}{6}(t-3)^4 U(t-3)$ 　　(2) $e^{t-3} U(t-3)$

(3) $\frac{1}{2}\sin 2(t-\pi) U(t-\pi) \left(= \frac{1}{2}\sin 2t\, U(t-\pi)\right)$

(4) $\cos 3\left(t - \frac{\pi}{2}\right) U\left(t - \frac{\pi}{2}\right) \left(= -\sin 3t\, U\left(t - \frac{\pi}{2}\right)\right)$

(5) $e^{t-2}\sin(t-2) U(t-2)$ 　　(6) $e^{2(t-1)}\cos(t-1) U(t-1)$

23 (1) $4\sqrt{\dfrac{t}{\pi}}$ (2) $4t\sqrt{t}$ (3) $\dfrac{4}{15}t^2\sqrt{t}$ (4) $\dfrac{2(1-t)}{\sqrt{\pi t}}$

24 (1) $4e^{3t}\sqrt{t}$ (2) $\dfrac{4}{\sqrt{\pi}}e^t t\sqrt{t}$ (3) $\dfrac{4}{7}e^{2t}t^3\sqrt{t}$ (4) $\dfrac{8}{15}e^{5t}t^2\sqrt{t}$

25 (1) $a=0,\ b=\dfrac{1}{2},\ c=-\dfrac{1}{2},\ d=0$ (2) $\dfrac{1}{2}(\sin t - t\cos t)$

26 (1) $\dfrac{1}{3}\sin t + \dfrac{2}{3}\cos t - \dfrac{1}{6}\sin 2t - \dfrac{2}{3}\cos 2t$

(2) $\dfrac{1}{2}\cos t - \dfrac{3}{8}\sin t - \dfrac{1}{2}\cos 3t + \dfrac{1}{8}\sin 3t$

(3) $\dfrac{1}{8}\sin 2t + \dfrac{3}{4}t\sin 2t + \dfrac{3}{4}t\cos 2t$

(4) $-\dfrac{3}{2}\sin t + \cos t + \dfrac{3}{2}t\sin t + \dfrac{1}{2}t\cos t$

3.2節 **27** (1) $y=-e^{3t}$ (2) $y=1+t^5$ (3) $y=2t^3 e^t$

(4) $y=e^{-2t}+4te^{-2t}$ (5) $y=1+\dfrac{1}{3}\sin 3t$ (6) $y=-2+\dfrac{1}{4}t^4+\dfrac{1}{2}\sin 2t$

(7) $y=-1+\dfrac{5}{4}t^4+\dfrac{4}{5}t^5$ (8) $y=2e^t - e^t\cos 2t$

28 (1) $y=-2e^{-t}+e^{2t}$ (2) $y=-2+5e^{4t}$ (3) $y=-2e^t+e^{5t}$

(4) $y=\dfrac{1}{3}-\dfrac{4}{3}e^{-3t}$ (5) $y=2e^t-e^{-t}-2te^{-t}$ (6) $y=e^{2t}-1-2t-2t^2$

(7) $y=\dfrac{2}{5}e^{-t}-\dfrac{2}{5}\cos 2t + \dfrac{1}{5}\sin 2t$ (8) $y=3e^{2t}-2\cos t + \sin t$

29 (1) $y=-2\cos t + \sin t$ (2) $y=2e^t\cos 2t + e^t\sin 2t$

(3) $y=2e^t+e^{4t}$ (4) $y=\dfrac{1}{2}e^{-t}-\dfrac{3}{2}e^t+e^{3t}$

(5) $y=e^t-2te^t+\dfrac{3}{2}t^2 e^t$ (6) $y=2e^{-3t}+6te^{-3t}+\dfrac{1}{2}t^4 e^{-3t}$

30 (1) $y=-e^{-t}+e^t-2te^t+2t^2 e^t$

(2) $y=\dfrac{1}{3}e^{2t}-\dfrac{1}{3}e^{-t}-te^{-t}-\dfrac{3}{2}t^2 e^{-t}$

(3) $y=2e^t+2te^t-2e^{2t}+te^{2t}$ (4) $y=e^{-t}+te^{-t}-2e^t+3te^t$

(5) $y=-\dfrac{5}{2}e^t+e^{2t}+\dfrac{3}{2}\cos t+\dfrac{1}{2}\sin t$ (6) $y=-\dfrac{1}{2}e^{2t}+te^{2t}+\dfrac{1}{2}\cos 2t$

31 以下, C は任意定数とする. (1) $y=Ce^{-t}+\dfrac{1}{2}e^{3t}$

(2) $y=Ce^{4t}-e^{-3t}$ (3) $y=Ce^{-3t}-e^{-t}+2te^{-t}$

(4) $y=Ce^{-2t}+t^3 e^{-2t}$ (5) $y=Ce^t-2\cos 2t-\sin 2t$

(6) $y=Ce^{3t}-2e^t\cos t+e^t\sin t$

32 以下, C_1, C_2 は任意定数とする.

問 題 解 答　　　　　　　　　　　　　　　　　　　　　　**155**

(1) $y = C_1 e^{-2t} + C_2 e^{3t} - \dfrac{5}{4} e^{2t}$　　　(2) $y = C_1 \cos 2t + C_2 \sin 2t + e^{2t}$

(3) $y = C_1 e^t + C_2 e^{4t} - te^t$　　　(4) $y = C_1 e^{-2t} + C_2 te^{-2t} + \dfrac{1}{2} t^2 e^{-2t}$

(5) $y = e^t(C_1 \cos t + C_2 \sin t) + 1 + t$　　　(6) $y = C_1 e^{-t} + C_2 e^{2t} - 3 + 2t - 2t^2$

(7) $y = C_1 e^t + C_2 e^{3t} + \dfrac{1}{2} \cos t - \sin t$　　　(8) $y = C_1 e^t + C_2 e^{2t} - e^t(\cos t + \sin t)$

33　(1) $y = 2 + \dfrac{1}{3} e^{-2t} - \dfrac{1}{3} e^t$　　　(2) $y = \dfrac{3}{2} e^{-t} + \dfrac{5}{2} e^t - e^{2t}$

(3) $y = \dfrac{2}{5} e^{2t} + \dfrac{3}{5} \cos t - \dfrac{4}{5} \sin t$　　　(4) $y = \dfrac{3}{2} e^{2t} - \dfrac{1}{6} e^{-2t} - \dfrac{4}{3} e^t - 2te^t$

(5) $y = 4e^t + 2te^t - 4e^{2t} + 2te^{2t}$　　　(6) $y = -\dfrac{1}{2} - \dfrac{1}{4} t + e^t - \dfrac{1}{2} e^{2t} + \dfrac{1}{4} te^{2t}$

34　以下，C_k $(k = 1, 2, \ldots, 6)$ は任意定数とする．

(1) $y = C_1 e^{-3t} + C_2 e^t + C_3 e^{2t} + \dfrac{1}{6} e^{3t}$

(2) $y = C_1 e^{-t} + C_2 te^{-t} + C_3 e^t - t^2 e^{-t} - \dfrac{2}{3} t^3 e^{-t}$

(3) $y = C_1 e^t + C_2 te^t + C_3 t^2 e^t - \cos t + \sin t$

(4) $y = C_1 e^{2t} + C_2 te^{2t} + C_3 \cos t + C_4 \sin t$

(5) $y = C_1 + C_2 t + C_3 t^2 + C_4 t^3 + C_5 e^{-t} + C_6 te^{-t} + e^t$

(6) $y = C_1 e^{2t} + C_2 te^{2t} + C_3 e^{-t} \cos t + C_4 e^{-t} \sin t + \dfrac{3}{8} t$

35　(1) $x = \dfrac{10}{7} e^{-4t} - \dfrac{3}{7} e^{3t},\ y = -\dfrac{5}{7} e^{-4t} - \dfrac{9}{7} e^{3t}$　　　(2) $x = te^{2t},\ y = e^{2t} + te^{2t}$

36　(1), (2) いずれも $-1 - 2t + e^{2t}$

37　(1) $\dfrac{1}{2} t^2$　　(2) $\dfrac{1}{4} t^4$　　(3) $\dfrac{1}{2} t^2 e^{2t}$　　(4) $-e^{-3t} + e^t$

(5) $-\dfrac{2}{9} e^{-t} + \dfrac{2}{9} e^{2t} - \dfrac{2}{3} te^{2t} + t^2 e^{2t}$　　　(6) $e^{-t} - \cos t + \sin t$

(7) $-\dfrac{5}{2} te^t + \dfrac{5}{2} e^{2t} \sin t$　　(8) $-\dfrac{1}{4} + \dfrac{1}{2} t^2 + \dfrac{1}{4} \cos 2t$　　(9) $\dfrac{3}{4} + \dfrac{3}{4} t - \dfrac{3}{4} e^{2t} + \dfrac{3}{4} te^{2t}$

38　(1) $y = 2e^{-t} \cos 2t - 4e^{-t} \sin 2t$　　　(2) $y = -\dfrac{2}{5} e^{2t} + \dfrac{7}{5} \cos t - \dfrac{1}{5} \sin t$

39　(1) $y = 1 + \cos t - 2 \sin t$

(2) $y = -3 + 2t^2 + 4 \cos t - \dfrac{\pi^2}{2} \sin t$　　　(3) $y = \dfrac{e}{1 - e^3}(e^{-t} - e^{2t})$

40　(1) $y = 1 + t - 2t^2$　　(2) $y = 1 + 4t - t^3$　　(3) $y = -1 + 2t - 2t^2 + \dfrac{1}{2} t^3$

41　(1) $y = -\dfrac{1}{6} e^{-t} - \dfrac{1}{2} e^t + \dfrac{2}{3} e^{2t}$　　　(2) $y = -2e^{2t} + 3e^{3t}$

(3) $y = -\dfrac{1}{4} e^t + \dfrac{3}{20} e^{3t} + \dfrac{1}{10} \cos t - \dfrac{1}{5} \sin t$　　　(4) $y = -\dfrac{1}{3} \sin t + \dfrac{2}{3} \sin 2t$

42　$u(x, t) = 5e^{-2(x+t)}$　　　**43**　$u(x, t) = 2e^{-(3x+4t)}$

44 (1) 9　(2) $\dfrac{1}{\sqrt{2}}$　(3) -1　(4) $\dfrac{1}{e^2}$

45 (1) $\dfrac{1}{s^2-2s-15}$　(2) $y(t)=\dfrac{1}{8}(e^{5t}-e^{-3t})$　$(t>0)$

(3) $y(t)=-\dfrac{1}{15}+\dfrac{1}{40}e^{5t}+\dfrac{1}{24}e^{-3t}$　(4) $y(t)=-\dfrac{1}{15}e^{2t}+\dfrac{1}{24}e^{5t}+\dfrac{1}{40}e^{-3t}$

46 (1) $\dfrac{1}{(s-3)^2}$　(2) $y(t)=te^{3t}$　$(t>0)$

(3) $y(t)=\dfrac{1}{9}-\dfrac{1}{9}e^{3t}+\dfrac{1}{3}te^{3t}$　(4) $y(t)=e^t+te^t-e^{3t}+te^{3t}$

47 (1) $\dfrac{1}{s^2-8s+17}$　(2) $y(t)=e^{4t}\sin t$　$(t>0)$

(3) $y(t)=\dfrac{1}{17}-\dfrac{1}{17}e^{4t}\cos t+\dfrac{4}{17}e^{4t}\sin t$　(4) $y(t)=\dfrac{8}{17}+t-\dfrac{8}{17}e^{4t}\cos t+\dfrac{15}{17}e^{4t}\sin t$

第 4 章

4.1 節　**1** (1) $m\neq n$ または $m=n=0$ のとき 0, $m=n>0$ のとき π

(2) 0　(3) $m\neq n$ のとき 0, $m=n=0$ のとき 2π, $m=n>0$ のとき π

2 (1) $f(x)\sim -\dfrac{1}{2}+\dfrac{1}{\pi}\displaystyle\sum_{n=1}^{\infty}\dfrac{1-(-1)^n}{n}\sin nx=-\dfrac{1}{2}+\dfrac{2}{\pi}\sum_{m=1}^{\infty}\dfrac{\sin(2m-1)x}{2m-1}$

(2) $f(x)\sim -2\displaystyle\sum_{n=1}^{\infty}\dfrac{1-(-1)^n}{n}\sin nx=-4\sum_{m=1}^{\infty}\dfrac{\sin(2m-1)x}{2m-1}$

(3) $f(x)\sim \dfrac{1}{2}-\dfrac{3}{\pi}\displaystyle\sum_{n=1}^{\infty}\dfrac{1-(-1)^n}{n}\sin nx=\dfrac{1}{2}-\dfrac{6}{\pi}\sum_{m=1}^{\infty}\dfrac{\sin(2m-1)x}{2m-1}$

(4) $f(x)\sim \dfrac{1}{4}+\dfrac{1}{\pi}\displaystyle\sum_{m=1}^{\infty}\dfrac{(-1)^m}{2m-1}\cos(2m-1)x-\dfrac{1}{\pi}\sum_{l=1}^{\infty}\dfrac{1}{2l-1}\sin 2(2l-1)x$

$\qquad +\dfrac{1}{\pi}\displaystyle\sum_{k=1}^{\infty}\dfrac{1}{2k-1}\sin(2k-1)x$

3 (1) $f(x)\sim \dfrac{\pi}{4}-\dfrac{1}{2}+\displaystyle\sum_{n=1}^{\infty}\left\{\dfrac{(-1)^n-1}{n^2\pi}\cos nx+\left(\dfrac{1-(-1)^n}{n\pi}-\dfrac{(-1)^n}{n}\right)\sin nx\right\}$

(2) $f(x)\sim -\dfrac{\pi}{2}+\dfrac{2}{\pi}\displaystyle\sum_{n=1}^{\infty}\dfrac{1-(-1)^n}{n^2}\cos nx=-\dfrac{\pi}{2}+\dfrac{4}{\pi}\sum_{m=1}^{\infty}\dfrac{\cos(2m-1)x}{(2m-1)^2}$

(3) $f(x)\sim \dfrac{2}{3}\pi^2-4\displaystyle\sum_{n=1}^{\infty}\dfrac{(-1)^n}{n^2}\cos nx$

4 (1) $f(x)\sim \dfrac{1}{2}+\dfrac{3}{\pi}\displaystyle\sum_{n=1}^{\infty}\dfrac{1-(-1)^n}{n}\sin n\pi x=\dfrac{1}{2}+\dfrac{6}{\pi}\sum_{m=1}^{\infty}\dfrac{\sin(2m-1)\pi x}{2m-1}$

(2) $f(x) \sim \dfrac{1}{2} - \dfrac{1}{\pi}\sum_{n=1}^{\infty}\dfrac{1-(-1)^n}{n}\sin\dfrac{n\pi x}{3} = \dfrac{1}{2} - \dfrac{2}{\pi}\sum_{m=1}^{\infty}\dfrac{\sin\dfrac{(2m-1)\pi x}{3}}{2m-1}$

5 (1) $f(x) \sim \dfrac{4}{3} + \sum_{n=1}^{\infty}\left\{\dfrac{4(-1)^n}{n^2\pi^2}\cos n\pi x - \dfrac{4(-1)^n}{n\pi}\sin n\pi x\right\}$

(2) $f(x) \sim 1 - \sum_{n=1}^{\infty}\left\{\dfrac{2\{1-(-1)^n\}}{n^2\pi^2}\cos\dfrac{n\pi x}{2} + \dfrac{1+(-1)^n}{n\pi}\sin\dfrac{n\pi x}{2}\right\}$

$= 1 - \dfrac{4}{\pi^2}\sum_{n=1}^{\infty}\dfrac{1}{(2m-1)^2}\cos\dfrac{(2m-1)\pi x}{2} - \dfrac{1}{\pi}\sum_{m=1}^{\infty}\dfrac{1}{m}\sin m\pi x$

6 (1) $f(x) \sim \dfrac{\pi}{2} + \dfrac{2}{\pi}\sum_{n=1}^{\infty}\dfrac{1-(-1)^n}{n^2}\cos nx = \dfrac{\pi}{2} + \dfrac{4}{\pi}\sum_{m=1}^{\infty}\dfrac{\cos(2m-1)x}{(2m-1)^2}$

$f(x)$ は $x=0$ で連続なので, $f(0) = \pi = \dfrac{\pi}{2} + \dfrac{4}{\pi}\sum_{m=1}^{\infty}\dfrac{1}{(2m-1)^2}$ より

$$\sum_{n=1}^{\infty}\dfrac{1}{(2n-1)^2} = \dfrac{\pi^2}{8}$$

(2) $f(x) \sim \dfrac{\pi^2}{6} + 2\sum_{n=1}^{\infty}\dfrac{(-1)^n}{n^2}\cos nx - \sum_{n=1}^{\infty}\left[\dfrac{\pi(-1)^n}{n} + \dfrac{2\{1-(-1)^n\}}{n^3\pi}\right]\sin nx$

$f(x)$ は $x=\pi$ で不連続なので, $\dfrac{f(\pi-0)+f(\pi+0)}{2} = \dfrac{\pi^2}{2} = \dfrac{\pi^2}{6} + 2\sum_{n=1}^{\infty}\dfrac{1}{n^2}$ より

$$\sum_{n=1}^{\infty}\dfrac{1}{n^2} = \dfrac{\pi^2}{6}$$

7 (1) $u(x,t) = e^{-9t}\sin 3x$

(2) $u(x,t) = \dfrac{8}{\pi^2}\sum_{n=1}^{\infty}\dfrac{\sin\dfrac{n\pi x}{2}}{n^2}e^{-n^2 t}\sin nx = \dfrac{8}{\pi^2}\sum_{m=1}^{\infty}\dfrac{(-1)^{m-1}}{(2m-1)^2}e^{-(2m-1)^2 t}\sin(2m-1)x$

8 (1) $f(x) \sim \dfrac{1}{\pi} + \dfrac{1}{2}\sin x - \dfrac{1}{\pi}\sum_{n=2}^{\infty}\dfrac{1+(-1)^n}{n^2-1}\cos nx$

$= \dfrac{1}{\pi} + \dfrac{1}{2}\sin x - \dfrac{2}{\pi}\sum_{m=1}^{\infty}\dfrac{1}{(2m)^2-1}\cos 2mx$

(2) $f(x) \sim \dfrac{e^2-1}{2e} + \dfrac{e^2-1}{e}\sum_{n=1}^{\infty}\dfrac{(-1)^n}{n^2\pi^2+1}(\cos n\pi x - \pi n\sin n\pi x)$

9 証明：$n \geqq 1$ のとき

$a_n = \dfrac{1}{\pi}\int_{-\pi}^{\pi}f(x)\cos nx\,dx = \dfrac{1}{\pi}\left[f(x)\left(\dfrac{1}{n}\sin nx\right)\right]_{-\pi}^{\pi} - \dfrac{1}{n\pi}\int_{-\pi}^{\pi}f'(x)\sin nx\,dx$

$= -\dfrac{1}{n\pi}\int_{-\pi}^{\pi}f'(x)\sin nx\,dx = -\dfrac{b'_n}{n}$

同様にして $b_n = \dfrac{a'_n}{n}$ がわかる。ここで, a'_n, b'_n は $f'(x)$ のフーリエ係数である ($f'(x)$ はフーリエ展開できるかどうかはわからないが, この等式は成立する). したがって, $|a_n| = \dfrac{|b'_n|}{n}$, $|b_n| = \dfrac{|a'_n|}{n}$ である. $0 \leqq \left(|a'_n| - \dfrac{1}{n}\right)^2 = {a'_n}^2 - 2\dfrac{|a'_n|}{n} + \dfrac{1}{n^2}$ より $\dfrac{|a'_n|}{n} \leqq \dfrac{1}{2}\left({a'_n}^2 + \dfrac{1}{n^2}\right)$. 同様に $\dfrac{|b'_n|}{n} \leqq \dfrac{1}{2}\left({b'_n}^2 + \dfrac{1}{n^2}\right)$. 例題 4.2 を $f'(x)$ に適用すれば

$$\dfrac{{a'_0}^2}{2} + \sum_{n=1}^{\infty}({a'_n}^2 + {b'_n}^2) \leqq \dfrac{1}{\pi}\int_{-\pi}^{\pi} f'(x)^2 dx$$

となる. したがって, N を自然数とするとき

$$\dfrac{|a_0|}{2} + \sum_{n=1}^{N}(|a_n| + |b_n|) = \dfrac{|a_0|}{2} + \sum_{n=1}^{N}\left(\dfrac{|a'_n|}{n} + \dfrac{|b'_n|}{n}\right)$$

$$\leqq \dfrac{|a_0|}{2} + \dfrac{1}{2}\sum_{n=1}^{N}\left({a'_n}^2 + {b'_n}^2 + \dfrac{2}{n^2}\right) \leqq \dfrac{|a_0|}{2} + \dfrac{1}{2\pi}\int_{-\pi}^{\pi} f'(x)^2 dx + \sum_{n=1}^{N}\dfrac{1}{n^2}$$

が成立する. $\displaystyle\sum_{n=1}^{\infty}\dfrac{1}{n^2}$ は収束するので (『微分積分』p.156 問 4.37(2)), この級数は収束する (この級数の部分和は上に有界な単調増加数列となるので収束する).

10 (1) $f(a, b) = \displaystyle\int_{-\pi}^{\pi} x^2 dx + a^2 \int_{-\pi}^{\pi} \{s_1(x)\}^2 dx + b^2 \int_{-\pi}^{\pi} \{s_2(x)\}^2 dx$

$$- 2a\int_{-\pi}^{\pi} xs_1(x)dx - 2b\int_{-\pi}^{\pi} xs_2(x)dx + 2ab\int_{-\pi}^{\pi} s_1(x)s_2(x)dx$$

$$= \dfrac{2}{3}\pi^3 + a^2 + b^2 - 2a\int_{-\pi}^{\pi} xs_1(x)dx - 2b\int_{-\pi}^{\pi} xs_2(x)dx$$

$$= \dfrac{2}{3}\pi^3 + \left\{a - \int_{-\pi}^{\pi} xs_1(x)dx\right\}^2 + \left\{b - \int_{-\pi}^{\pi} xs_2(x)dx\right\}^2$$

$$- \left\{\int_{-\pi}^{\pi} xs_1(x)dx\right\}^2 - \left\{\int_{-\pi}^{\pi} xs_2(x)dx\right\}^2$$

よって $a = \displaystyle\int_{-\pi}^{\pi} xs_1(x)dx, \ b = \int_{-\pi}^{\pi} xs_2(x)dx$

(2) $a = 2\pi, \ b = -\pi$

11 (1) $f(x) \sim \dfrac{4}{\pi}\displaystyle\sum_{n=1}^{\infty}\dfrac{1-(-1)^n}{n^3}\sin nx = \dfrac{8}{\pi}\sum_{m=1}^{\infty}\dfrac{\sin(2m-1)x}{(2m-1)^3}$

(2) $f(x) \sim \dfrac{\pi^2}{6} - 2\displaystyle\sum_{n=1}^{\infty}\dfrac{1+(-1)^n}{n^2}\cos nx = \dfrac{\pi^2}{6} - \sum_{m=1}^{\infty}\dfrac{\cos 2mx}{m^2}$

(3)　$f(x) \sim \dfrac{\pi^2}{12} + \displaystyle\sum_{m=1}^{\infty}\left\{\dfrac{4\sin(2m-1)x}{\pi(2m-1)^3} - \dfrac{2\cos 2mx}{(2m)^2}\right\}$

12　(1)　証明略　(**ヒント**：$f(x)$ は奇関数なので，$a_n = 0$ $(n = 0,1,2,\ldots)$．
$$b_n = \dfrac{2}{\pi}\int_0^{\pi} x\sin nx\, dx \quad (n = 1,2,3,\ldots)\ )$$

(2)　証明：$F(x) = x^2$ $(-\pi < x \leqq \pi)$，$F(x+2\pi) = F(x)$ として周期関数に拡張したものは連続かつ区分的に滑らかな偶関数となる．したがって $F(x) = \dfrac{A_0}{2} + \displaystyle\sum_{n=1}^{\infty} A_n\cos nx$ が成立する．ここで，$A_0 = \dfrac{2}{\pi}\displaystyle\int_0^{\pi} F(x)dx = \dfrac{2}{3}\pi^2$，$n \geqq 1$ のとき $A_n = \dfrac{2}{\pi}\displaystyle\int_0^{\pi} F(x)\cos nx dx$ で，部分積分により $A_n = \dfrac{4(-1)^n}{n^2}$．したがって $F(x) = \dfrac{\pi^2}{3} + 4\displaystyle\sum_{n=1}^{\infty}\dfrac{(-1)^n}{n^2}\cos nx$ となる．$F(x) - F(a)$ を計算すれば求めるものがえられる．

(3)　$G(x) = x^3 - \pi^2 x$ $(-\pi < x \leqq \pi)$ とすると，$G(\pi) = G(-\pi) = 0$ であり，$G(x+2\pi) = G(x)$ として周期 2π に拡張すれば $G(x)$ は連続かつ区分的に滑らかな奇関数となる．したがって，$G(x) = \displaystyle\sum_{n=1}^{\infty} B_n\sin nx$ で

$$B_n = \dfrac{2}{\pi}\int_0^{\pi}(x^3 - \pi^2 x)\sin nx\, dx = -\dfrac{2}{n\pi}\int_0^{\pi}(3x^2 - \pi)\cos nx\, dx$$
$$= \dfrac{6}{n\pi}\int_0^{\pi} x^2\cos nx\, dx = \dfrac{3}{n}A_n = \dfrac{12(-1)^n}{n^3}$$

である．したがって，$x^3 - \pi^2 x = 12\displaystyle\sum_{n=1}^{\infty}\dfrac{(-1)^n}{n^3}\sin nx$

13　(1)　$\displaystyle\int_{-1}^{1} x\sin n\pi x\, dx = -\dfrac{2(-1)^n}{n\pi}$，$\displaystyle\int_{-1}^{1}\sin n\pi x\sin m\pi x = \begin{cases} 0 & (m\neq n) \\ 1 & (m=n) \end{cases}$

(2)　証明：(左辺) $= \displaystyle\int_{-1}^{1} x^2\, dx - 4\sum_{k=1}^{n}\dfrac{(-1)^{k-1}}{k\pi}\int_{-1}^{1} x\sin k\pi x\, dx$
$$+ 4\sum_{k=1}^{n}\sum_{l=1}^{n}\dfrac{(-1)^{k-1}(-1)^{l-1}}{kl\pi^2}\int_{-1}^{1}\sin k\pi x\sin l\pi x\, dx$$
$$= \dfrac{2}{3} + 8\sum_{k=1}^{n}\dfrac{(-1)^{2k-1}}{k^2\pi^2} + 4\sum_{k=1}^{n}\dfrac{(-1)^{2k-2}}{k^2\pi}$$
$$= \dfrac{2}{3} - \dfrac{8}{\pi^2}\sum_{k=1}^{n}\dfrac{1}{k^2} + \dfrac{4}{\pi^2}\sum_{k=1}^{n}\dfrac{1}{k^2} = \dfrac{2}{3} - \dfrac{4}{\pi^2}\sum_{k=1}^{n}\dfrac{1}{k^2}$$

14 (1) 証明：$A_{m,k} = \int_{-\pi}^{\pi} \cos^m x \cos kx \, dx = \int_{-\pi}^{\pi} \cos^m x \left(\frac{1}{k} \sin kx\right)' dx$

$$= \frac{1}{k}\left[\cos^m x \sin kx\right]_{-\pi}^{\pi} - \frac{m}{k}\int_{-\pi}^{\pi} \cos^{m-1} x(-\sin x)\sin kx \, dx$$

$$= \frac{m}{k}\int_{-\pi}^{\pi} \cos^{m-1} x \sin x \sin kx \, dx$$

ここで，加法定理より $\cos(k-1)x = \cos kx \cos x + \sin kx \sin x$ なので

$$A_{m,k} = \frac{m}{k}\int_{-\pi}^{\pi} \cos^{m-1} x \{\cos(k-1)x - \cos kx \cos x\} dx$$

$$= \frac{m}{k}\int_{-\pi}^{\pi} \cos^{m-1} x \cos(k-1)x \, dx - \frac{m}{k}\int_{-\pi}^{\pi} \cos^m x \cos kx \, dx$$

$$= \frac{m}{k}A_{m-1,k-1} - \frac{m}{k}A_{m,k}$$

したがって，$\left(1 + \dfrac{m}{k}\right)A_{m,k} = \dfrac{m}{k}A_{m-1,k-1}$.

両辺を $\dfrac{m}{k}$ で割ると $\left(1 + \dfrac{k}{m}\right)A_{m,k} = A_{m-1,k-1}$．これより求める等式がえられる．

(2) $\cos^{2m-1} x$ のフーリエ係数を a_n, b_n とする．$\cos^{2m-1} x$ は偶関数なので，$b_n = 0$ である（$n \geqq 1$）．$a_n = \dfrac{1}{\pi}\int_{-\pi}^{\pi} \cos^{2m-1} x \cos nx \, dx = \dfrac{1}{\pi}A_{2m-1,n}$ であり

$$a_0 = \frac{1}{\pi}\int_{-\pi}^{\pi}\cos^{2m-1} x \, dx = \frac{2}{\pi}\int_0^{\pi}\cos^{2m-1} x \, dx$$

$$= \frac{2}{\pi}\int_0^{\frac{\pi}{2}}\cos^{2m-1} x \, dx + \frac{2}{\pi}\int_{\frac{\pi}{2}}^{\pi}\cos^{2m-1} x \, dx$$

で，第 2 項は $\pi - x = t$ と置換積分をすると

$$-\frac{2}{\pi}\int_{\frac{\pi}{2}}^{0}\cos^{2m-1}(\pi-t)dt = \frac{2}{\pi}\int_0^{\frac{\pi}{2}}(-\cos t)^{2m-1}dt = -\frac{2}{\pi}\int_0^{\frac{\pi}{2}}\cos^{2m-1} t \, dt$$

となる．したがって，$a_0 = 0$．(1)より $a_2 = \dfrac{1}{\pi}A_{2m-1,2} = \dfrac{1}{\pi(1+\frac{2}{2m-1})}A_{2m-2,1}$ であり，$2m-2 \neq 0$ より $A_{2m-2,1} = \int_{-\pi}^{\pi}\cos^{2m-1} x \, dx$．これはすでにみたように 0 となる．よって，$a_2 = 0$．以下同様にして，$a_4 = a_6 = a_8 = \cdots = 0$．したがって，$\cos^{2m-1} x \sim \sum_{k=1}^{\infty} a_{2k-1}\cos(2k-1)x$．ここで

$$a_{2m-1} = \frac{1}{\pi}A_{2m-1,2m-1} = \frac{1}{\pi}\frac{1}{1+\frac{2m-1}{2m-1}}A_{2m-2,2m-2} = \frac{1}{\pi}\frac{1}{2}A_{2m-2,2m-2}$$

$$= \cdots = \frac{1}{\pi}\underbrace{\frac{1}{2}\cdots\frac{1}{2}}_{2m-1\text{ 個}}A_{0,0} = \frac{1}{\pi}\frac{1}{2^{2m-1}}2\pi = \frac{1}{2^{2m-2}}$$

問題解答

4.2 節

15 (1) $f(x) \sim -\dfrac{i}{\pi} \displaystyle\sum_{\substack{n=-\infty \\ n\neq 0}}^{\infty} \dfrac{1-(-1)^n}{n} e^{inx} = -\dfrac{2i}{\pi} \sum_{m=-\infty}^{\infty} \dfrac{1}{2m-1} e^{i(2m-1)x}$

(2) $f(x) \sim \dfrac{e^2-1}{2e} \displaystyle\sum_{n=-\infty}^{\infty} \dfrac{(-1)^n}{1+in\pi} e^{in\pi x}$

16 (1) $-\dfrac{e^{-i\xi}(1-e^{i\xi})^2}{\xi^2} = \dfrac{2}{\xi^2}(1-\cos\xi)$

(2) $-\dfrac{2\sqrt{2}}{\xi^2}\left(e^{i\sqrt{2}\xi}+e^{-i\sqrt{2}\xi}\right)+i\dfrac{2}{\xi^3}\left(e^{i\sqrt{2}\xi}-e^{-i\sqrt{2}\xi}\right) = \dfrac{4\sin\sqrt{2}\xi - 4\sqrt{2}\xi\cos\sqrt{2}\xi}{\xi^3}$

(3) $\dfrac{2}{1+\xi^2}$ (4) $\dfrac{1}{1+i\xi}$

17 (1) $-\dfrac{2\cos\frac{\pi\xi}{2}}{\xi^2-1}$ (2) $\dfrac{2\{(\xi^2-2)\sin\xi + 2\xi\cos\xi\}}{\xi^3}$

18 (1) $-\dfrac{2\sin\pi\xi}{\xi^2-1}$ (2) $\dfrac{2\sin\xi - 2\xi\cos\xi}{\xi^2}$

19 (1) $\dfrac{\sqrt{\pi}(-i\xi+2)}{2} e^{-\frac{\xi^2}{4}}$ (2) $-\dfrac{\sqrt{2\pi}\xi i}{8} e^{-\frac{\xi^2}{8}}$

20 (1) $\dfrac{ix-4}{4\sqrt{\pi}} e^{-\frac{x^2}{4}}$ (2) $\dfrac{2ix}{\sqrt{\pi}} e^{-x^2}$

21 証明略 $\left(\text{ヒント}: \dfrac{\partial E}{\partial t} = \dfrac{\partial^2 E}{\partial x^2} = \dfrac{x^2-2t}{8\sqrt{\pi t}\, t^2} e^{-\frac{x^2}{4t}}\right)$

22 $u(x,t) = \dfrac{1}{\sqrt{t+1}} e^{-\frac{x^2}{4(t+1)}}$

23 (1) $\dfrac{\sqrt{\pi}}{4}(2-\xi^2) e^{-\frac{\xi^2}{4}}$ (2) $\dfrac{\sqrt{\pi}}{2}\left\{e^{-\frac{(\xi-1)^2}{4}} + e^{-\frac{(\xi+1)^2}{4}}\right\}$

(3) $\dfrac{\sqrt{\pi}}{2i}\left\{e^{-\frac{(\xi-1)^2}{4}} - e^{-\frac{(\xi+1)^2}{4}}\right\}$

24 (1) $\dfrac{2-x^2}{8\sqrt{\pi}} e^{-\frac{x^2}{4}}$ (2) $\dfrac{1}{4\sqrt{\pi}}\left\{e^{-\frac{(x+1)^2}{4}} + e^{-\frac{(x-1)^2}{4}}\right\}$

(3) $\dfrac{1}{4\sqrt{\pi}\,i}\left\{e^{-\frac{(x+1)^2}{4}} - e^{-\frac{(x-1)^2}{4}}\right\}$ **25** $u(x,t) = \dfrac{x^2+2t^2+2t}{(t+1)^{\frac{5}{2}}} e^{-\frac{x^2}{4(t+1)}}$

第 5 章

5.1 節   **1** (1) $14+23i$ (2) $2+11i$ (3) $\dfrac{4}{5}-\dfrac{3}{5}i$

2 (1) $2\sqrt{2}$ (2) $5\sqrt{2}$

3 (1) 中心 $1+i$, 半径 1 の円   (2) 中心 1, 半径 2 の円の内部および周上

(3) 直線 $x=1$ (4) 実軸の下側（下半平面）

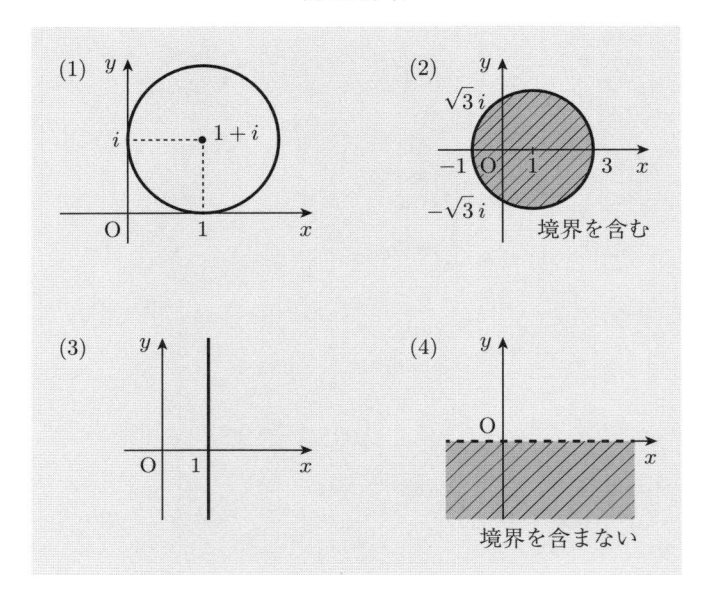

4 (1) $2\left(\cos\dfrac{5}{3}\pi + i\sin\dfrac{5}{3}\pi\right)$ (2) $5\left(\cos\dfrac{3}{2}\pi + i\sin\dfrac{3}{2}\pi\right)$

5 証明略 （ヒント：$\cos 3\theta + i\sin 3\theta = (\cos\theta + i\sin\theta)^3$ と $\sin^2\theta + \cos^2\theta = 1$ を用いる．）

6 (1) $\dfrac{1}{\sqrt{2}} + \dfrac{1}{\sqrt{2}}i$ (2) $-\dfrac{1}{2} - \dfrac{\sqrt{3}}{2}i$ (3) -64

7 (1) $\pm\dfrac{1}{\sqrt{2}}(\sqrt{3} - i)$ (2) $2i, \pm\sqrt{3} - i$

8 $z = \cos\dfrac{2k}{5}\pi + i\sin\dfrac{2k}{5}\pi$ （$z = 1, 2, 3, 4$）（ヒント：両辺を $z - 1$ 倍することで $z^5 - 1 = 0$，ただし $z \neq 1$）

9 証明略 （ヒント：もとの不等式の z_1 に $z_1 + z_2$ を，z_2 に $-z_2$ を代入して計算する．）

10 (1) 証明略 （ヒント：$|z_1 z_2|$ は計算により $\sqrt{(x_1^2 + y_1^2)(x_2^2 + y_2^2)}$ となる．）
(2) 証明略 （ヒント：$e^{i\theta_1}e^{i\theta_2} = e^{i(\theta_1 + \theta_2)}$ に注目して，$|z_1 z_2| = r_1 r_2$ を導く．）

11 (1) 中心 2，半径 2 の円 (2) 直線 $2x - y = 1$
(3) 2 点 $0, 2i$ からの距離の和が 3 に等しい楕円の内部および周上
(4) 2 点 $2, -2$ からの距離の差が 3 に等しい双曲線の，実部が負の部分

12 (1), (2) 証明略 （ヒント：$e^{i\theta} + e^{2i\theta} + e^{3i\theta} + \cdots + e^{ni\theta}$ の値を求める．）

5.2 節 **13** (1) 定義域は複素数全体，$u = 3x^2y - y^3$，$v = -x^3 + 3xy^2$

(2) 定義域は $z \neq i$ を満たす複素数の全体，$u = \dfrac{x}{x^2+(y-1)^2}$, $v = \dfrac{-y+1}{x^2+(y-1)^2}$

14 (1) $\dfrac{1}{25}(13+9i)$ (2) $\dfrac{1}{4}(2+3i)$ (3) $-\dfrac{i}{3}$

15 -16 **16** $4z+3$

17 (1) $14z-2$ (2) $\dfrac{-9}{(7z+1)^2}$

(3) $16z^3 + 60z^2 + 66z + 20$ または $2(z+2)(2z+1)(4z+5)$

18 (1) $w' = 14z+2,\ 30+42i$ (2) $w' = \dfrac{-1}{(3z+1)^2},\ \dfrac{5-12i}{119}$

19 証明略 （ヒント：コーシー–リーマンの方程式が満たされていることを確かめる．），$w' = 2y + (-2x-5)i = -2iz - 5i$

20 (1) 正則関数ではない (2) 正則関数，$w' = e^{-y}(-\sin x + i\cos x)$

21 $\text{Log}\, 2 + i\left(-\dfrac{\pi}{6} + 2n\pi\right)$ (n は整数)，$\dfrac{1}{2}\text{Log}\, 2 + \dfrac{3}{4}\pi i$ （主値）

22 $\dfrac{1}{2}(e^{\frac{\pi}{6}} + e^{-\frac{\pi}{6}}),\ \dfrac{i}{2}(e^{\pi} - e^{-\pi})$

23 (1) 証明略 $\left(\text{ヒント：}\left(\dfrac{e^{iz}-e^{-iz}}{2i}\right)^2 + \left(\dfrac{e^{iz}+e^{-iz}}{2}\right)^2 \text{を計算する．}\right)$

(2) 証明略 （ヒント：(1) の結果を用いる．）

24 証明略 （ヒント：$\sin(-\alpha)$ または $\cos(-\alpha)$ を $e^{i\alpha}$ と $e^{-i\alpha}$ を用いて表す．）

25 $2n\pi - i\,\text{Log}(2\pm\sqrt{3}) = 2n\pi \pm i\,\text{Log}(2+\sqrt{3})$ (n は整数)

26 証明略 （ヒント：コーシー–リーマンの方程式と $u_{xy} = u_{yx},\ v_{xy} = v_{yx}$ が成り立つことを用いる．）

27 (1) $z = \dfrac{1}{2}\text{Log}\,2 + \left(\dfrac{\pi}{4} + 2n\pi\right)i$ (n は整数)

(2) $z = 2n\pi - i\,\text{Log}(3 \pm 2\sqrt{2})$ (n は整数)

(3) $z = 2n\pi - i\,\text{Log}(-1+\sqrt{2})$ または $(2n+1)\pi - i\,\text{Log}(1+\sqrt{2})$ (n は整数)

28 (1), (2) 証明略 （ヒント：$\cos z,\ \sin z$ を x と y を用いて表す．）

(3) 証明略 （ヒント：(1), (2) の結果を用いる．）

5.3節 **29** (1) $\dfrac{-13+76i}{2}$ (2) $-1-i$ **30** (1) πi (2) $-\pi i$

31 (1) $2\pi e^6 i$ (2) 0 (3) $-\dfrac{\sqrt{2}}{4}\pi i$

32 (1) $-\dfrac{1}{2}(e+e^{-1})\pi i = -(\cosh 1)\pi i$ (2) $\dfrac{8}{3}\pi e^{-\pi}$

33 (1) $\left[z^3 + 2z^2\right]_{-i}^{i} = -2i$ (2) $\left[iz^2 + 3z\right]_0^{1+i} = 1+3i$

34 存在しない．**30** における曲線 C_1, C_2 は共通の始点，終点をもつが $\displaystyle\int_C f(x)dz$ の値は異なる．これは $f(z)$ に原始関数があれば不合理である．

35 (1) $\dfrac{1}{2}(e^{1-\pi^2} - e)$

(2) $\dfrac{1}{2}\mathrm{Log}(1+\pi^2) - \pi\tan^{-1}\pi + i\left\{\dfrac{\pi}{2}\mathrm{Log}(1+\pi^2) + \tan^{-1}\pi - \pi\right\}$

(3) $\dfrac{1}{2}\cos 1(e^\pi + e^{-\pi} - 2) + \dfrac{i}{2}\sin 1(e^\pi - e^{-\pi})$

36 (1) $f(a)$ (2) 証明略 $\left(\text{ヒント}: f(z) = \dfrac{1}{2\pi i}\displaystyle\int_C \dfrac{f(w)}{w-z}dw \text{ に注目. また } w = a + Re^{i\varphi}\ (0 \leqq \varphi \leqq 2\pi)\ \text{と表される.}\right)$

5.4 節 **37** (1) $\displaystyle\sum_{n=0}^{\infty} e^6 \dfrac{3^n}{n!}(z-2)^n$ (2) $-\displaystyle\sum_{n=0}^{\infty}\left(\dfrac{1}{2}\right)^{n+1}(z+2)^n$

(3) $\displaystyle\sum_{n=0}^{\infty} \dfrac{(-1)^n}{(2n)!} z^{6n}$

38 $\dfrac{1}{6} + \dfrac{z}{6^2} + \cdots + \dfrac{z^n}{6^{n+1}} + \cdots = \displaystyle\sum_{n=0}^{\infty} \dfrac{z^n}{6^{n+1}}$ **39** $\sin 1 + (\cos 1)z^2$

40 (1) $\displaystyle\sum_{n=0}^{\infty} \dfrac{(-1)^{n-1}}{(2n)!}(z-\pi)^{2n-1}$ (2) $\displaystyle\sum_{n=-1}^{\infty}(-1)^{n+1}(z+1)^n$

(3) $\displaystyle\sum_{n=0}^{\infty} \dfrac{(-1)^n}{(2n)!} z^{-2n+2}$ **41** (1) $3e^3$ (2) $\dfrac{1}{125}$ (3) e

42 (1) $-\dfrac{2}{9}\pi i$ (2) $-\dfrac{10}{9}\pi i$ (3) $2\pi i$ **43** $\dfrac{\pi}{2}$ **44** $\dfrac{\pi}{6}$

45 (1) $\pi e^{-3}\{(-\cos 3 + \sin 3) + i(\cos 3 + \sin 3)\}$

(2) $\pi e^{-3}(-\cos 3 + \sin 3)$ および $\pi e^{-3}(\cos 3 + \sin 3)$

46 (1) 0 (2) $3e\pi i$ (3) $-(1+i)\pi$

47 $\dfrac{3\pi}{8}$ **48** $\dfrac{2\pi}{\sqrt{3}} e^{-\sqrt{3}} \sin 1$

第 6 章

6.1 節   **1** $\overline{x} = 68.5\,[点],\ v = 245.45,\ s = 15.667\,[点],\ d = 29.89$

2 (1) $\overline{x} = 48.63,\ v = 228.28,\ s = 15.109,\ Me = 45.5$

(2) 度数分布表は省略. $Mo = 44.5$, ヒストグラムは右図

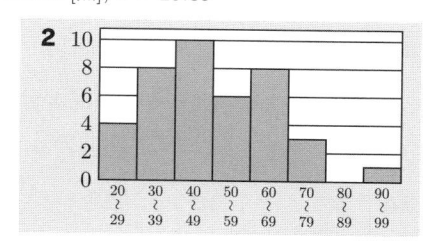

3 $\overline{x} = 4.6,\ Me = 4,\ Mo = 4$

4 $v = 5.94,\ s = 2.437$

5 $\overline{x} = 14.9,\ Me = 14.79,$

$Mo = 14.5$, ヒストグラムと度数分布多角形は右図

6 $y = x - 14.5$, $\overline{x} = 14.9$, $v_x = 1.24$

階級値 (x) [秒]	y	度数 (f_i)	$y_i f_i$	$y_i{}^2 f_i$
12.5	-2	1	-2	4
13.5	-1	3	-3	3
14.5	0	7	0	0
15.5	1	5	5	5
16.5	2	4	8	16
計		20	8	28

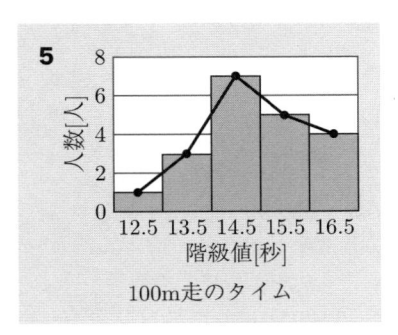

5 100m走のタイム

7 (1) $(a, b) = (5, 2)$ (2) $(a, b) = (2, 5), (1, 6), (0, 7)$

8 (1) $c_{xy} = -5.8$, $r = -0.9931$, $y = -0.8841x + 7.7134$
(2) $c_{xy} = 5.8$, $r = 0.9798$, $y = 0.9667x + 1.5333$

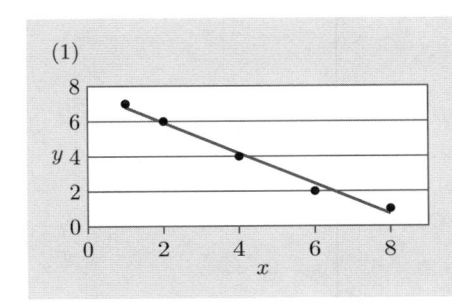

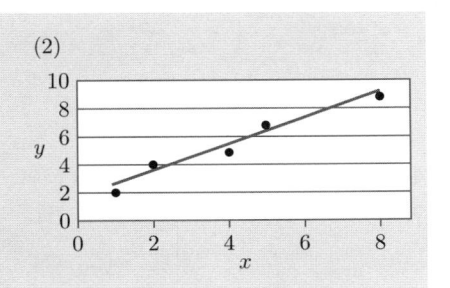

9 (1)

学生	1	2	3	4	5	6	7	8	合計
数学 (x)	8	7	4	9	6	2	3	10	49
物理 (y)	7	8	5	10	5	6	2	8	51
x^2	64	49	16	81	36	4	9	100	359
xy	56	56	20	90	30	12	6	80	350
y^2	49	64	25	100	25	36	4	64	367

(2) $r = 0.7578$ (3) $y = 0.6391x + 2.4607$ (4) $y = 1.1130x - 0.4419$

10 (1) $a = 1, \overline{x} = 5$, または $a = 3, \overline{x} = 5$

(2) $a = 1, \overline{x} = 4$, または $a = \dfrac{3}{2}, \overline{x} = \dfrac{9}{2}$

11 (1) $\overline{z} = 14$, $s_z = 10$ (2) $\overline{z} = -12$, $s_z = \sqrt{265}$

12 (1) $(Q_1, Q_2, Q_3) = (3.5, 5, 6.5)$
$(R, QR, Mo) = (6, 3, 5)$
(2) $(Q_1, Q_2, Q_3) = (4, 5, 8)$
$(R, QR, Mo) = (8, 4, 8)$

13 証明略（**ヒント**：x, y の共分散を c_{xy}, u, v の共分散を c_{uv} とすると，$c_{uv} = ac\,c_{xy}$ を示す．さらに，x, y, u, v の標準偏差を s_x, s_y, s_u, s_v とすると，$s_u = |a|s_x$, $s_v = |c|s_y$ を示し，これらを相関係数 r_{uv} の定義式に代入せよ．）

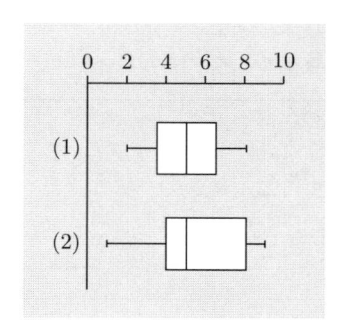

14 略証：与えられた不等式より

$$\frac{1}{n}\sum_{i=1}^{n}\left(\frac{x-x_i}{s_x} \pm \frac{y-y_i}{s_y}\right)^2 \geqq 0 \quad (\text{以下，すべて複号同順})$$

$$\iff \frac{1}{n}\sum_{i=1}^{n}\left\{\frac{(x-x_i)^2}{s_x^{\,2}} \pm 2\frac{(x-x_i)(y-y_i)}{s_x s_y} + \frac{(y-y_i)^2}{s_y^{\,2}}\right\} \geqq 0$$

$$\iff \frac{s_x^{\,2}}{s_x^{\,2}} \pm 2\frac{c_{xy}}{s_x s_y} + \frac{s_y^{\,2}}{s_y^{\,2}} \geqq 0 \iff 2(1 \pm r) \geqq 0 \iff -1 \leqq r \leqq 1$$

15 (1) 7.5 点 (2) $\sqrt{6} \fallingdotseq 2.449$ 点

16 第1四分位数を Q_1，第2四分位数を Q_2，第3四分位数を Q_3 とすると

東京： $(Q_1, Q_2, Q_3) = (8.65,\ 16.3,\ 22.65)$

大阪： $(Q_1, Q_2, Q_3) = (8.65,\ 16.75,\ 23.8)$

シドニー： $(Q_1, Q_2, Q_3) = (14.5,\ 18.3,\ 21.7)$

箱ひげ図は，右のようになる．データの散らばりが最も大きいのは図より，大阪である．

17 $A = 3.716$, $B = 0.477$

6.2 節 **18** $\dfrac{3}{8}$

19 (1) $\dfrac{1}{6}$ (2) $\dfrac{1}{3}$ (3) $\dfrac{31}{36}$

20 (1) $\dfrac{1}{3}$ (2) $\dfrac{1}{3}$

21 (1) $\dfrac{5}{28}$ (2) $\dfrac{15}{28}$ (3) $\dfrac{55}{56}$

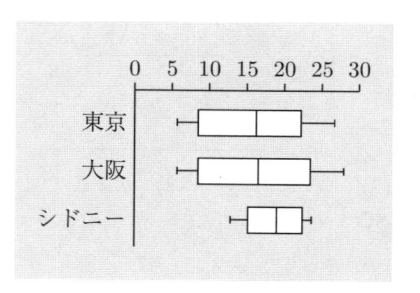

22 $\dfrac{5}{9}$ **23** (1) $\dfrac{3}{28}$ (2) $\dfrac{5}{14}$

24 (1) $\dfrac{47}{100}$ (2) $\dfrac{43}{50}$ (3) $\dfrac{2676}{2695}$ **25** (1) $\dfrac{1}{8}$ (2) $\dfrac{7}{8}$

26 (1) $\dfrac{7}{32}$ (2) $\dfrac{247}{256}$ **27** (1) $\dfrac{40}{243}$ (2) $\dfrac{131}{243}$

28 (1) $\dfrac{1}{4}$ (2) $\dfrac{1}{9}$ (3) $\dfrac{4}{9}$ **29** (1) $\dfrac{8}{33}$ (2) $\dfrac{1}{3}$ (3) $\dfrac{3}{11}$

30 (1) 0.6 (2) 0.75 (3) 0.6 **31** (1) $\dfrac{4}{27}$ (2) $\dfrac{13}{27}$

32 8回 **33** (1) $\dfrac{17}{40}$ (2) $\dfrac{5}{17}$

34 (1) $\dfrac{1}{4}$ (2) $(n-1)\left(\dfrac{1}{2}\right)^n$

35 (1) $1-\left(\dfrac{2}{3}\right)^n$ (2) $1-\left(\dfrac{1}{2}\right)^n-\left(\dfrac{2}{3}\right)^n+\left(\dfrac{1}{3}\right)^n$

36 (1) $\dfrac{2}{3}$ (2) $\dfrac{19}{36}$ (3) $\dfrac{3}{7}+\dfrac{4}{7}\left(\dfrac{5}{12}\right)^n$

37 $p_A=\dfrac{17}{28},\ p_B=\dfrac{11}{28}$ **38** (1) $\dfrac{11}{600}$ (2) $\dfrac{4}{11}$

39 (1) $\dfrac{3}{7}$ (2) $\dfrac{3}{7}$ (3) $\dfrac{2}{35}$ (4) 独立でない

40 (1) $\dfrac{5}{54}$ (2) $\dfrac{35}{432}$ **41** $p_A=\dfrac{6}{11},\ p_B=\dfrac{5}{11}$

[6.3節] **42** (1) 4.4円 (2) 8.8円

43 (1)

X	1	2	3	4	5	6
確率	$\dfrac{1}{36}$	$\dfrac{3}{36}$	$\dfrac{5}{36}$	$\dfrac{7}{36}$	$\dfrac{9}{36}$	$\dfrac{11}{36}$

(2) $E[X]=\dfrac{161}{36},\ V[X]=\dfrac{2555}{1296}$

44 (1)

X	0	1	2	3	4
確率	$\dfrac{1}{126}$	$\dfrac{20}{126}$	$\dfrac{60}{126}$	$\dfrac{40}{126}$	$\dfrac{5}{126}$

(2) $E[X]=\dfrac{20}{9},\ V[X]=\dfrac{50}{81}$

45 (1)

X	0	1	2
確率	$\dfrac{9}{16}$	$\dfrac{6}{16}$	$\dfrac{1}{16}$

(2) $E[X]=\dfrac{1}{2},\ V[X]=\dfrac{3}{8}$

46 (1) $E[X]=5,\ V[X]=\dfrac{5}{2}$ (2) $E[X]=\dfrac{75}{2},\ V[X]=\dfrac{75}{8}$

(3) $E[X]=6,\ V[X]=5$

168 問題解答

47 (1) 二項分布 $B\left(72, \dfrac{1}{3}\right)$ (2) $E[X]=24$, $V[X]=16$, $S[X]=4$
(3) $E[Y]=1920$[円], $V[Y]=193600$[円^2], $S[Y]=440$[円]

48 (1) $a=\dfrac{1}{3}$ (2) $\dfrac{2}{3}$ (3) $E[X]=\dfrac{3}{2}$, $V[X]=\dfrac{3}{4}$

49 (1) $k=\dfrac{1}{18}$ (2) $\dfrac{4}{9}$ (3) $E[X]=4$, $V[X]=2$
(4) $E[Y]=19$, $V[Y]=72$

50 (1) 0.4452 (2) 0.7032 (3) 0.0456 (4) 0.0853

51 (1) 0.5403 (2) 0.7257 (3) 0.0548 (4) 0.5646

52 (1) 10.63 (2) 8.05 (3) 9.16 (4) 1.20

53 (1) $E[X]=200$, $V[X]=100$, $S[X]=10$
(2) 0.3730 (3) 0.0256

54 (1) $E[X]=160$, $V[X]=144$ (2) 0.1908 (3) 0.4624

55 (1)

X	0	1	2	3
確率	$\dfrac{15}{36}$	$\dfrac{5}{36}$	$\dfrac{12}{36}$	$\dfrac{4}{36}$

$E[X]=\dfrac{41}{36}$, $V[X]=\dfrac{1523}{1296}$

(2)

X	0	1	2	3	4	5
確率	$\dfrac{3}{18}$	$\dfrac{5}{18}$	$\dfrac{4}{18}$	$\dfrac{3}{18}$	$\dfrac{2}{18}$	$\dfrac{1}{18}$

$E[X]=\dfrac{35}{18}$, $V[X]=\dfrac{665}{324}$

56 (1) $P(X=k)=\dfrac{1}{n}$, $E[X]=\dfrac{n+1}{2}$
(2) $P(Z=k)=\dfrac{2(k-1)}{n(n-1)}$, $E[Z]=\dfrac{3(n+1)}{2}$

57 (1) $a=\dfrac{1}{9}$ (2) $\dfrac{1}{6}$ (3) $E[X]=0$, $V[X]=\dfrac{3}{2}$

58 (1) 0.4512 (2) 0.08422 **59** (1) $k=5.065$ (2) $k=6.978$

60 (1) $E[X]=75$, $V[X]=\dfrac{225}{4}$ (2) 0.0359 (3) $n=60$

6.4 節 **61** (1)

X	1	4
確率	$\dfrac{2}{5}$	$\dfrac{3}{5}$

Y	-2	3
確率	$\dfrac{1}{2}$	$\dfrac{1}{2}$

(2) 互いに独立でない

(3) $E[X]=\dfrac{14}{5}$, $E[Y]=\dfrac{1}{2}$, $E[XY]=\dfrac{29}{10}$
(4) $V[X+Y]=\dfrac{1141}{100}$

62 (1) $a=\dfrac{1}{3}$

問 題 解 答　　　　**169**

(2) X の周辺分布：$f_1(x) = \begin{cases} 2x^2 + \dfrac{2}{3}x & (0 \leqq x \leqq 1) \\ 0 & (x < 0,\ 1 < x) \end{cases}$

　　Y の周辺分布：$f_2(y) = \begin{cases} \dfrac{1}{3} + \dfrac{y}{6} & (0 \leqq y \leqq 2) \\ 0 & (y < 0,\ 2 < y) \end{cases}$

(3) 互いに独立でない　(4) $E[X] = \dfrac{13}{18}$, $E[Y] = \dfrac{10}{9}$, $E[XY] = \dfrac{43}{54}$

(5) $V[X] = \dfrac{73}{1620}$, $V[Y] = \dfrac{26}{81}$, $V[X+Y] = \dfrac{191}{540}$

63 (1)

X \ Y	1	2	3
1	0	$\frac{1}{6}$	$\frac{1}{6}$
2	$\frac{1}{6}$	0	$\frac{1}{6}$
3	$\frac{1}{6}$	$\frac{1}{6}$	0

(2) 互いに独立でない

(3)

X	1	2	3
確率	$\frac{1}{3}$	$\frac{1}{3}$	$\frac{1}{3}$

Y	1	2	3
確率	$\frac{1}{3}$	$\frac{1}{3}$	$\frac{1}{3}$

(4) $E[X] = 2$, $E[Y] = 2$, $E[XY] = \dfrac{11}{3}$

(5) $V[X] = \dfrac{2}{3}$, $V[Y] = \dfrac{2}{3}$, $V[X+Y] = \dfrac{2}{3}$

64 $E[\overline{X}] = \dfrac{7}{2}$, $V[\overline{X}] = \dfrac{7}{24}$　　**65** $E[\overline{X}] = 3$, $V[\overline{X}] = \dfrac{3}{16}$

66 (1) 正規分布 $N(18, 25)$　(2) 0.0359

67 (1) 0.7213　(2) 0.00621　　**68** 0.0668　　**69** 0.0228

70 (1)

X \ Y	1	3
1	0.08	0.12
2	0.2	0.3
3	0.12	0.18

(2) $V[X+Y] = 1.45$　(3) 0.4

71 (1) 0.500　(2) 0.100　(3) 0.925　　**72** 0.050

73 (1) 0.020　(2) 0.150　(3) 0.895

74 (1) $\dfrac{1}{36}$　(2) $\dfrac{4}{9}$　(3) $\dfrac{103}{108}$　(4) $\dfrac{21}{2}$

75 (1) 互いに独立でない　(2) $E[X] = \dfrac{2}{n}, E[Y] = \dfrac{2}{n}$

(3) $\text{Cov}[X,Y] = -\dfrac{2(n-2)}{n^2(n-1)}, \rho[X,Y] = -\dfrac{1}{n-1}$

76 (1) $E[X] = \dfrac{2}{3}a, E[Y] = \dfrac{1}{3}b, E[XY] = \dfrac{ab}{4}$　(2) 互いに独立でない

(3) $V[X] = \dfrac{a^2}{18}, V[Y] = \dfrac{b^2}{18}$　(4) $\text{Cov}[X,Y] = \dfrac{ab}{36}, \rho[X,Y] = \dfrac{1}{2}$

77 (1) $a+b=1$　(2) $a=b=\dfrac{1}{2}$

78 (1) $\dfrac{1}{6}$　(2) $\dfrac{8}{9}$　(3) $-\dfrac{1}{4}$

79 ポアソン分布 $Po(\lambda+\mu)$

(ヒント：X と Y は独立なので $P(Z=r) = \sum_{k=0}^{r} P(X=k)P(Y=r-k)$)

80 (1) 証明略　(ヒント：二項定理 $(1+x)^n = \sum_{i=0}^{n} {}_nC_i\, x^i$ を利用.)

(2) 証明略　(ヒント：**79** のヒント参照.)

81 0.0668　　**82** (1) 正規分布 $N(59, 5^2)$　(2) 約 2 名

83 0.1587　　**84** (1) 自由度 9 の t 分布　(2) 0.025

85 0.7698　　**86** $k = 12.50$

6.5節　**87** $m = 21.105$ [g], $\sigma^2 = 7.611 \times 10^{-4}$ [g^2]

88 95%信頼区間：$72.12 \leqq m \leqq 83.88$

99%信頼区間：$70.27 \leqq m \leqq 85.73$

89 m の 99%信頼区間：$21.0766 \leqq m \leqq 21.1334$

σ^2 の 99%信頼区間：$2.904 \times 10^{-4} \leqq \sigma^2 \leqq 3.948 \times 10^{-3}$

90 m の 95%信頼区間：$5.294 \leqq m \leqq 5.383$

σ^2 の 95%信頼区間：$1.242 \times 10^{-3} \leqq \sigma^2 \leqq 1.177 \times 10^{-2}$

91 (1) $0.5907 \leqq p \leqq 0.6693$　(2) 4148 人以上

92 H_0：「$m=100$」, H_1：「$m \neq 100$」，実現値：$z = -2.35$

● 有意水準 5%のとき，棄却域：$|z| \geqq z(0.025) = 1.960$, H_0 は棄却される．よって規格通りでないといえる．

● 有意水準 1%のとき，棄却域：$|z| \geqq z(0.005) = 2.576$, H_0 は棄却できない．よって規格通りでないとはいえない．

93 H_0：「$m=1800$」, H_1：「$m>1800$」

棄却域：$t \geqq t_{11}(0.1) = 1.796$, 実現値：$t = 2.666$

これより，H_0 は棄却される．よって，製品寿命が延びたといえる．

94　H_0：「$\sigma = 2.3$」, H_1：「$\sigma > 2.3$」
棄却域：$\chi^2 \geqq \chi_9^2(0.05) = 16.92$, 実現値：$\chi^2 = 17.01$
これより, H_0 は棄却される. よって, ばらつきが大きくなったといえる.

95　H_0：「$p = 0.4$」, H_1：「$p < 0.4$」, 実現値：$z = -1.179$
● 有意水準 5%のとき, 棄却域：$z \leqq -z(0.05) = -1.645$
H_0 は棄却できない. よって, 小さいといえない.
● 有意水準 1%のとき, 棄却域：$|z| \leqq -z(0.01) = -2.326$
H_0 は棄却できない. よって, 小さいといえない.

96　(1) 不偏推定値：$m = 10$, $\sigma^2 = 9$
(2) m の 95%信頼区間：$7.964 \leqq m \leqq 12.306$
　　σ^2 の 95%信頼区間：$4.107 \leqq \sigma^2 \leqq 33.028$

97　H_0：「メンデルの法則が成立」, H_1：「メンデルの法則が成立しない」
棄却域：$\chi^2 \geqq \chi_3^2(0.05) = 7.815$, 実現値：$\chi^2 = 1.7926$
H_0 を棄却できない. よって, メンデルの遺伝の法則は成り立たないとはいえない.

98　(1) 不偏推定値：$m = 171.4\,[\text{cm}]$, $\sigma^2 = 50.116\,[\text{cm}^2]$
(2) m の 99%信頼区間：$166.87 \leqq m \leqq 175.93$
　　σ^2 の 99%信頼区間：$24.68 \leqq \sigma^2 \leqq 139.13$

99　H_0：「電子さいころは正常」, H_1：「電子さいころは異常」
棄却域：$\chi^2 \geqq \chi_3^2(0.01) = 11.34$, 実現値：$\chi^2 = 11.88$
これより, H_0 は棄却される. よって, 正常でないといえる.

100　H_0：「$p = 0.20$」, H_1：「$p > 0.20$」
棄却域：$z \geqq z(0.05) = 1.645$, 実現値：$z = 1.00$
H_0 を棄却できない. よって, 増えたとはいえない.

101　(1) W は正規分布 $N\left(m_1 - m_2, \dfrac{\sigma_1^2}{n_1} + \dfrac{\sigma_2^2}{n_2}\right)$ にしたがう.

(2) H_0：「$m_1 = m_2$」, H_1：「$m_1 \neq m_2$」
$Z = \dfrac{W - (m_1 - m_2)}{\sqrt{\dfrac{\sigma_1^2}{n_1} + \dfrac{\sigma_2^2}{n_2}}}$ は $N(0, 1)$ にしたがう. 特に H_0 のもと統計検定量として

$Z = \dfrac{W - 0}{\sqrt{\dfrac{\sigma_1^2}{n_1} + \dfrac{\sigma_2^2}{n_2}}} = \dfrac{\overline{X} - \overline{Y}}{\sqrt{\dfrac{8.6^2}{64} + \dfrac{8.6^2}{36}}} = \dfrac{4.8(\overline{X} - \overline{Y})}{8.6}$ をとる.

棄却域：$|z| \geqq z(0.005) = 2.576$, 実現値：$z = -2.958$
H_0 は棄却される. よって, 平均点に差があるといえる.

102　H_0：「男女で差がない」, H_1：「男女で差がある」
棄却域：$\chi^2 \geqq \chi_1^2(0.05) = 3.841$, 実現値：$\chi^2 = 4.870$
H_0 は棄却される. よって, 視聴率に男女で差があるといえる.

付　表

付表1　標準正規分布表

$P(0 \leqq Z \leqq z) = \dfrac{1}{\sqrt{2\pi}} \displaystyle\int_0^z e^{-\frac{x^2}{2}} dx$ の値

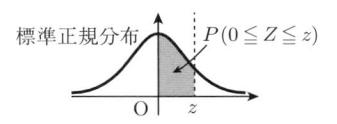

z	0.00	0.01	0.02	0.03	0.04	0.05	0.06	0.07	0.08	0.09
0.0	0.0000	0.0040	0.0080	0.0120	0.0160	0.0199	0.0239	0.0279	0.0319	0.0359
0.1	0.0398	0.0438	0.0478	0.0517	0.0557	0.0596	0.0636	0.0675	0.0714	0.0753
0.2	0.0793	0.0832	0.0871	0.0910	0.0948	0.0987	0.1026	0.1064	0.1103	0.1141
0.3	0.1179	0.1217	0.1255	0.1293	0.1331	0.1368	0.1406	0.1443	0.1480	0.1517
0.4	0.1554	0.1591	0.1628	0.1664	0.1700	0.1736	0.1772	0.1808	0.1844	0.1879
0.5	0.1915	0.1950	0.1985	0.2019	0.2054	0.2088	0.2123	0.2157	0.2190	0.2224
0.6	0.2257	0.2291	0.2324	0.2357	0.2389	0.2422	0.2454	0.2486	0.2517	0.2549
0.7	0.2580	0.2611	0.2642	0.2673	0.2704	0.2734	0.2764	0.2794	0.2823	0.2852
0.8	0.2881	0.2910	0.2939	0.2967	0.2995	0.3023	0.3051	0.3078	0.3106	0.3133
0.9	0.3159	0.3186	0.3212	0.3238	0.3264	0.3289	0.3315	0.3340	0.3365	0.3389
1.0	0.3413	0.3438	0.3461	0.3485	0.3508	0.3531	0.3554	0.3577	0.3599	0.3621
1.1	0.3643	0.3665	0.3686	0.3708	0.3729	0.3749	0.3770	0.3790	0.3810	0.3830
1.2	0.3849	0.3869	0.3888	0.3907	0.3925	0.3944	0.3962	0.3980	0.3997	0.4015
1.3	0.4032	0.4049	0.4066	0.4082	0.4099	0.4115	0.4131	0.4147	0.4162	0.4177
1.4	0.4192	0.4207	0.4222	0.4236	0.4251	0.4265	0.4279	0.4292	0.4306	0.4319
1.5	0.4332	0.4345	0.4357	0.4370	0.4382	0.4394	0.4406	0.4418	0.4429	0.4441
1.6	0.4452	0.4463	0.4474	0.4484	0.4495	0.4505	0.4515	0.4525	0.4535	0.4545
1.7	0.4554	0.4564	0.4573	0.4582	0.4591	0.4599	0.4608	0.4616	0.4625	0.4633
1.8	0.4641	0.4649	0.4656	0.4664	0.4671	0.4678	0.4686	0.4693	0.4699	0.4706
1.9	0.4713	0.4719	0.4726	0.4732	0.4738	0.4744	0.4750	0.4756	0.4761	0.4767
2.0	0.4772	0.4778	0.4783	0.4788	0.4793	0.4798	0.4803	0.4808	0.4812	0.4817
2.1	0.4821	0.4826	0.4830	0.4834	0.4838	0.4842	0.4846	0.4850	0.4854	0.4857
2.2	0.4861	0.4864	0.4868	0.4871	0.4875	0.4878	0.4881	0.4884	0.4887	0.4890
2.3	0.4893	0.4896	0.4898	0.4901	0.4904	0.4906	0.4909	0.4911	0.4913	0.4916
2.4	0.4918	0.4920	0.4922	0.4925	0.4927	0.4929	0.4931	0.4932	0.4934	0.4936
2.5	0.49379	0.49396	0.49413	0.49430	0.49446	0.49461	0.49477	0.49492	0.49506	0.49520
2.6	0.49534	0.49547	0.49560	0.49573	0.49585	0.49598	0.49609	0.49621	0.49632	0.49643
2.7	0.49653	0.49664	0.49674	0.49683	0.49693	0.49702	0.49711	0.49720	0.49728	0.49736
2.8	0.49744	0.49752	0.49760	0.49767	0.49774	0.49781	0.49788	0.49795	0.49801	0.49807
2.9	0.49813	0.49819	0.49825	0.49831	0.49836	0.49841	0.49846	0.49851	0.49856	0.49861
3.0	0.49865	0.49869	0.49874	0.49878	0.49882	0.49886	0.49889	0.49893	0.49896	0.49900
3.1	0.49903	0.49906	0.49910	0.49913	0.49916	0.49918	0.49921	0.49924	0.49926	0.49929
3.2	0.49931	0.49934	0.49936	0.49938	0.49940	0.49942	0.49944	0.49946	0.49948	0.49950
3.3	0.49952	0.49953	0.49955	0.49957	0.49958	0.49960	0.49961	0.49962	0.49964	0.49965
3.4	0.49966	0.49968	0.49969	0.49970	0.49971	0.49972	0.49973	0.49974	0.49975	0.49976

付表2 標準正規分布の逆分布表

$$P(0 \leqq Z \leqq z) = \frac{1}{\sqrt{2\pi}} \int_0^z e^{-\frac{x^2}{2}} dx = \alpha \text{ となる } z \text{ の値}$$

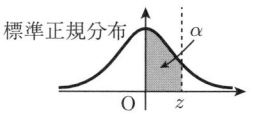

α	0.000	0.001	0.002	0.003	0.004	0.005	0.006	0.007	0.008	0.009
0.00	0.0000	0.0025	0.0050	0.0075	0.0100	0.0125	0.0150	0.0175	0.0201	0.0226
0.01	0.0251	0.0276	0.0301	0.0326	0.0351	0.0376	0.0401	0.0426	0.0451	0.0476
0.02	0.0502	0.0527	0.0552	0.0577	0.0602	0.0627	0.0652	0.0677	0.0702	0.0728
0.03	0.0753	0.0778	0.0803	0.0828	0.0853	0.0878	0.0904	0.0929	0.0954	0.0979
0.04	0.1004	0.1030	0.1055	0.1080	0.1105	0.1130	0.1156	0.1181	0.1206	0.1231
0.05	0.1257	0.1282	0.1307	0.1332	0.1358	0.1383	0.1408	0.1434	0.1459	0.1484
0.06	0.1510	0.1535	0.1560	0.1586	0.1611	0.1637	0.1662	0.1687	0.1713	0.1738
0.07	0.1764	0.1789	0.1815	0.1840	0.1866	0.1891	0.1917	0.1942	0.1968	0.1993
0.08	0.2019	0.2045	0.2070	0.2096	0.2121	0.2147	0.2173	0.2198	0.2224	0.2250
0.09	0.2275	0.2301	0.2327	0.2353	0.2378	0.2404	0.2430	0.2456	0.2482	0.2508
0.10	0.2533	0.2559	0.2585	0.2611	0.2637	0.2663	0.2689	0.2715	0.2741	0.2767
0.11	0.2793	0.2819	0.2845	0.2871	0.2898	0.2924	0.2950	0.2976	0.3002	0.3029
0.12	0.3055	0.3081	0.3107	0.3134	0.3160	0.3186	0.3213	0.3239	0.3266	0.3292
0.13	0.3319	0.3345	0.3372	0.3398	0.3425	0.3451	0.3478	0.3505	0.3531	0.3558
0.14	0.3585	0.3611	0.3638	0.3665	0.3692	0.3719	0.3745	0.3772	0.3799	0.3826
0.15	0.3853	0.3880	0.3907	0.3934	0.3961	0.3989	0.4016	0.4043	0.4070	0.4097
0.16	0.4125	0.4152	0.4179	0.4207	0.4234	0.4261	0.4289	0.4316	0.4344	0.4372
0.17	0.4399	0.4427	0.4454	0.4482	0.4510	0.4538	0.4565	0.4593	0.4621	0.4649
0.18	0.4677	0.4705	0.4733	0.4761	0.4789	0.4817	0.4845	0.4874	0.4902	0.4930
0.19	0.4959	0.4987	0.5015	0.5044	0.5072	0.5101	0.5129	0.5158	0.5187	0.5215
0.20	0.5244	0.5273	0.5302	0.5330	0.5359	0.5388	0.5417	0.5446	0.5476	0.5505
0.21	0.5534	0.5563	0.5592	0.5622	0.5651	0.5681	0.5710	0.5740	0.5769	0.5799
0.22	0.5828	0.5858	0.5888	0.5918	0.5948	0.5978	0.6008	0.6038	0.6068	0.6098
0.23	0.6128	0.6158	0.6189	0.6219	0.6250	0.6280	0.6311	0.6341	0.6372	0.6403
0.24	0.6433	0.6464	0.6495	0.6526	0.6557	0.6588	0.6620	0.6651	0.6682	0.6713
0.25	0.6745	0.6776	0.6808	0.6840	0.6871	0.6903	0.6935	0.6967	0.6999	0.7031
0.26	0.7063	0.7095	0.7128	0.7160	0.7192	0.7225	0.7257	0.7290	0.7323	0.7356
0.27	0.7388	0.7421	0.7454	0.7488	0.7521	0.7554	0.7588	0.7621	0.7655	0.7688
0.28	0.7722	0.7756	0.7790	0.7824	0.7858	0.7892	0.7926	0.7961	0.7995	0.8030
0.29	0.8064	0.8099	0.8134	0.8169	0.8204	0.8239	0.8274	0.8310	0.8345	0.8381
0.30	0.8416	0.8452	0.8488	0.8524	0.8560	0.8596	0.8633	0.8669	0.8705	0.8742
0.31	0.8779	0.8816	0.8853	0.8890	0.8927	0.8965	0.9002	0.9040	0.9078	0.9116
0.32	0.9154	0.9192	0.9230	0.9269	0.9307	0.9346	0.9385	0.9424	0.9463	0.9502
0.33	0.9542	0.9581	0.9621	0.9661	0.9701	0.9741	0.9782	0.9822	0.9863	0.9904
0.34	0.9945	0.9986	1.003	1.007	1.011	1.015	1.019	1.024	1.028	1.032
0.35	1.036	1.041	1.045	1.049	1.054	1.058	1.063	1.067	1.071	1.076
0.36	1.080	1.085	1.089	1.094	1.098	1.103	1.108	1.112	1.117	1.122
0.37	1.126	1.131	1.136	1.141	1.146	1.150	1.155	1.160	1.165	1.170
0.38	1.175	1.180	1.185	1.190	1.195	1.200	1.206	1.211	1.216	1.221
0.39	1.227	1.232	1.237	1.243	1.248	1.254	1.259	1.265	1.270	1.276
0.40	1.282	1.287	1.293	1.299	1.305	1.311	1.317	1.323	1.329	1.335
0.41	1.341	1.347	1.353	1.359	1.366	1.372	1.379	1.385	1.392	1.398
0.42	1.405	1.412	1.419	1.426	1.433	1.440	1.447	1.454	1.461	1.468
0.43	1.476	1.483	1.491	1.499	1.506	1.514	1.522	1.530	1.538	1.546
0.44	1.555	1.563	1.572	1.580	1.589	1.598	1.607	1.616	1.626	1.635
0.45	1.645	1.655	1.665	1.675	1.685	1.695	1.706	1.717	1.728	1.739
0.46	1.751	1.762	1.774	1.787	1.799	1.812	1.825	1.838	1.852	1.866
0.47	1.881	1.896	1.911	1.927	1.943	1.960	1.977	1.995	2.014	2.034
0.48	2.054	2.075	2.097	2.120	2.144	2.170	2.197	2.226	2.257	2.290
0.49	2.326	2.366	2.409	2.457	2.512	2.576	2.652	2.748	2.878	3.090

付表3 χ^2 分布表

$P(\chi^2 \geq \chi_n^2(\alpha)) = \alpha$ となる $\chi_n^2(\alpha)$ の値

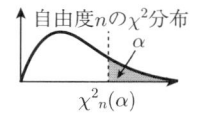

n \ α	0.995	0.990	0.975	0.950	0.900	0.500	0.100	0.050	0.025	0.010	0.005
1	$0.0^4 393$	$0.0^3 157$	$0.0^3 982$	$0.0^2 393$	0.0158	0.4549	2.706	3.841	5.024	6.635	7.879
2	0.0100	0.0201	0.0506	0.1026	0.2107	1.386	4.605	5.991	7.378	9.210	10.60
3	0.0717	0.1148	0.2158	0.3518	0.5844	2.366	6.251	7.815	9.348	11.34	12.84
4	0.2070	0.2971	0.4844	0.7107	1.064	3.357	7.779	9.488	11.14	13.28	14.86
5	0.4117	0.5543	0.8312	1.145	1.610	4.351	9.236	11.07	12.83	15.09	16.75
6	0.6757	0.8721	1.237	1.635	2.204	5.348	10.64	12.59	14.45	16.81	18.55
7	0.9893	1.239	1.690	2.167	2.833	6.346	12.02	14.07	16.01	18.48	20.28
8	1.344	1.646	2.180	2.733	3.490	7.344	13.36	15.51	17.53	20.09	21.95
9	1.735	2.088	2.700	3.325	4.168	8.343	14.68	16.92	19.02	21.67	23.59
10	2.156	2.558	3.247	3.940	4.865	9.342	15.99	18.31	20.48	23.21	25.19
11	2.603	3.053	3.816	4.575	5.578	10.34	17.28	19.68	21.92	24.72	26.76
12	3.074	3.571	4.404	5.226	6.304	11.34	18.55	21.03	23.34	26.22	28.30
13	3.565	4.107	5.009	5.892	7.042	12.34	19.81	22.36	24.74	27.69	29.82
14	4.075	4.660	5.629	6.571	7.790	13.34	21.06	23.68	26.12	29.14	31.32
15	4.601	5.229	6.262	7.261	8.547	14.34	22.31	25.00	27.49	30.58	32.80
16	5.142	5.812	6.908	7.962	9.312	15.34	23.54	26.30	28.85	32.00	34.27
17	5.697	6.408	7.564	8.672	10.09	16.34	24.77	27.59	30.19	33.41	35.72
18	6.265	7.015	8.231	9.390	10.86	17.34	25.99	28.87	31.53	34.81	37.16
19	6.844	7.633	8.907	10.12	11.65	18.34	27.20	30.14	32.85	36.19	38.58
20	7.434	8.260	9.591	10.85	12.44	19.34	28.41	31.41	34.17	37.57	40.00
21	8.034	8.897	10.28	11.59	13.24	20.34	29.62	32.67	35.48	38.93	41.40
22	8.643	9.542	10.98	12.34	14.04	21.34	30.81	33.92	36.78	40.29	42.80
23	9.260	10.20	11.69	13.09	14.85	22.34	32.01	35.17	38.08	41.64	44.18
24	9.886	10.86	12.40	13.85	15.66	23.34	33.20	36.42	39.36	42.98	45.56
25	10.52	11.52	13.12	14.61	16.47	24.34	34.38	37.65	40.65	44.31	46.93
26	11.16	12.20	13.84	15.38	17.29	25.34	35.56	38.89	41.92	45.64	48.29
27	11.81	12.88	14.57	16.15	18.11	26.34	36.74	40.11	43.19	46.96	49.64
28	12.46	13.56	15.31	16.93	18.94	27.34	37.92	41.34	44.46	48.28	50.99
29	13.12	14.26	16.05	17.71	19.77	28.34	39.09	42.56	45.72	49.59	52.34
30	13.79	14.95	16.79	18.49	20.60	29.34	40.26	43.77	46.98	50.89	53.67
40	20.71	22.16	24.43	26.51	29.05	39.34	51.81	55.76	59.34	63.69	66.77
50	27.99	29.71	32.36	34.76	37.69	49.33	63.17	67.50	71.42	76.15	79.49
60	35.53	37.48	40.48	43.19	46.46	59.33	74.40	79.08	83.30	88.38	91.95
70	43.28	45.44	48.76	51.74	55.33	69.33	85.53	90.53	95.02	100.4	104.2
80	51.17	53.54	57.15	60.39	64.28	79.33	96.58	101.9	106.6	112.3	116.3
90	59.20	61.75	65.65	69.13	73.29	89.33	107.6	113.1	118.1	124.1	128.3
100	67.33	70.06	74.22	77.93	82.36	99.33	118.5	124.3	129.6	135.8	140.2

付表 4 　t 分布表

$P(|T| \geqq t_n(\alpha)) = \alpha$ となる $t_n(\alpha)$ の値

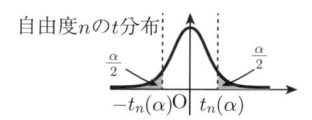

n \ α	0.500	0.400	0.300	0.200	0.100	0.050	0.020	0.010	0.001
1	1.000	1.376	1.963	3.078	6.314	12.71	31.82	63.66	636.6
2	0.816	1.061	1.386	1.886	2.920	4.303	6.965	9.925	31.60
3	0.765	0.978	1.250	1.638	2.353	3.182	4.541	5.841	12.92
4	0.741	0.941	1.190	1.533	2.132	2.776	3.747	4.604	8.610
5	0.727	0.920	1.156	1.476	2.015	2.571	3.365	4.032	6.869
6	0.718	0.906	1.134	1.440	1.943	2.447	3.143	3.707	5.959
7	0.711	0.896	1.119	1.415	1.895	2.365	2.998	3.499	5.408
8	0.706	0.889	1.108	1.397	1.860	2.306	2.896	3.355	5.041
9	0.703	0.883	1.100	1.383	1.833	2.262	2.821	3.250	4.781
10	0.700	0.879	1.093	1.372	1.812	2.228	2.764	3.169	4.587
11	0.697	0.876	1.088	1.363	1.796	2.201	2.718	3.106	4.437
12	0.695	0.873	1.083	1.356	1.782	2.179	2.681	3.055	4.318
13	0.694	0.870	1.079	1.350	1.771	2.160	2.650	3.012	4.221
14	0.692	0.868	1.076	1.345	1.761	2.145	2.624	2.977	4.140
15	0.691	0.866	1.074	1.341	1.753	2.131	2.602	2.947	4.073
16	0.690	0.865	1.071	1.337	1.746	2.120	2.583	2.921	4.015
17	0.689	0.863	1.069	1.333	1.740	2.110	2.567	2.898	3.965
18	0.688	0.862	1.067	1.330	1.734	2.101	2.552	2.878	3.922
19	0.688	0.861	1.066	1.328	1.729	2.093	2.539	2.861	3.883
20	0.687	0.860	1.064	1.325	1.725	2.086	2.528	2.845	3.850
21	0.686	0.859	1.063	1.323	1.721	2.080	2.518	2.831	3.819
22	0.686	0.858	1.061	1.321	1.717	2.074	2.508	2.819	3.792
23	0.685	0.858	1.060	1.319	1.714	2.069	2.500	2.807	3.768
24	0.685	0.857	1.059	1.318	1.711	2.064	2.492	2.797	3.745
25	0.684	0.856	1.058	1.316	1.708	2.060	2.485	2.787	3.725
26	0.684	0.856	1.058	1.315	1.706	2.056	2.479	2.779	3.707
27	0.684	0.855	1.057	1.314	1.703	2.052	2.473	2.771	3.690
28	0.683	0.855	1.056	1.313	1.701	2.048	2.467	2.763	3.674
29	0.683	0.854	1.055	1.311	1.699	2.045	2.462	2.756	3.659
30	0.683	0.854	1.055	1.310	1.697	2.042	2.457	2.750	3.646
40	0.681	0.851	1.050	1.303	1.684	2.021	2.423	2.704	3.551
50	0.679	0.849	1.047	1.299	1.676	2.009	2.403	2.678	3.496
60	0.679	0.848	1.045	1.296	1.671	2.000	2.390	2.660	3.460
70	0.678	0.847	1.044	1.294	1.667	1.994	2.381	2.648	3.435
80	0.678	0.846	1.043	1.292	1.664	1.990	2.374	2.639	3.416
90	0.677	0.846	1.042	1.291	1.662	1.987	2.368	2.632	3.402
100	0.677	0.845	1.042	1.290	1.660	1.984	2.364	2.626	3.390
∞	0.674	0.842	1.036	1.282	1.645	1.960	2.326	2.576	3.291

執筆者（五十音順）

五十川　読	熊本高等専門学校教授
いそがわ　さとる	
上松　和弘	鶴岡工業高等専門学校教授
うえまつ　かずひろ	
奥村　昌司	舞鶴工業高等専門学校准教授
おくむら　しょうじ	
友安　一夫	都城工業高等専門学校教授
ともやす　かずお	
中村　元	松江工業高等専門学校准教授
なかむら　げん	
西川　雅堂	豊田工業高等専門学校准教授
にしかわ　まさたか	
濱田さやか	熊本高等専門学校准教授
はまだ	
原本　博史	愛媛大学講師
はらもと　ひろし	
藤井　忍	大島商船高等専門学校講師
ふじい　しのぶ	
松宮　篤	明石工業高等専門学校教授
まつみや　あつし	
南　貴之	香川高等専門学校教授
みなみ　たかゆき	

協力者

新井　達也	筑波技術大学准教授
あらい　たつや	
松田　一秀	新居浜工業高等専門学校講師
まつだ　かずひで	

終わりに，次の先生方にはこの本の編集にあたり，有益なご意見や，周到なご校閲をいただいた．深く謝意を表したい．

校閲者（五十音順）

赤池　祐次	呉工業高等専門学校
伊藤　公毅	豊橋技術科学大学
上原　成功	香川高等専門学校
金坂　尚礼	豊田工業高等専門学校
向江　頼士	都城工業高等専門学校

カバー・表紙デザイン：KIS・小林　哲哉

監修者
河東 泰之　東京大学大学院数理科学研究科教授　Ph.D.
　かわひがし　やすゆき

編著者
佐々木 良勝　広島大学大学院理学研究科助教　博士（数理科学）
　ささき　よしかつ
鈴木 香織　横浜国立大学経営学部准教授　博士（数理科学）
　すずき　かおり
竹縄 知之　東京海洋大学大学院海洋科学技術研究科准教授
　たけなわ　ともゆき　博士（数理科学）

LIBRARY 工学基礎 & 高専 TEXT ＝ CKM–E4
応用数学　問題集

2015年10月25日 ⓒ　　　　　　　　　　初 版 発 行

監修者　河 東 泰 之　　　　　発行者　矢 沢 和 俊
編著者　佐々木 良勝　　　　　印刷者　小宮山 恒敏
　　　　鈴 木 香 織
　　　　竹 縄 知 之

【発行】　　　　　　　　　　株式会社　数理工学社
〒151–0051　東京都渋谷区千駄ヶ谷1丁目3番25号
☎ (03) 5474–8661 （代）　　　サイエンスビル

【発売】　　　　　　　　　　株式会社　サイエンス社
〒151–0051　東京都渋谷区千駄ヶ谷1丁目3番25号
営業☎ (03) 5474–8500 （代）　　振替 00170–7–2387
FAX☎ (03) 5474–8900

印刷・製本　小宮山印刷工業（株）

≪検印省略≫

サイエンス社・数理工学社の
ホームページのご案内
http://www.saiensu.co.jp
ご意見・ご要望は
suuri@saiensu.co.jp まで．

本書の内容を無断で複写複製することは，著作者および
出版者の権利を侵害することがありますので，その場合
にはあらかじめ小社あて許諾をお求め下さい．

ISBN978–4–86481–034–0
PRINTED IN JAPAN

LIBRARY 工学基礎＆高専TEXT
河東泰之 監修　佐々木良勝・鈴木香織・竹縄知之 編著

基礎数学	2色刷・A5・本体1700円
線形代数	2色刷・A5・本体1600円
微分積分	2色刷・A5・本体2600円
応用数学	2色刷・A5・本体2700円

基礎数学 問題集	2色刷・A5・本体850円
線形代数 問題集	2色刷・A5・本体900円
微分積分 問題集	2色刷・A5・本体1400円
応用数学 問題集	2色刷・A5・本体1400円

＊表示価格は全て税抜きです．

発行・数理工学社／発売・サイエンス社